超過 **290** 萬人都在看的 **安東尼廚房**

走！到法國

U0005385

太雅

別人的邀約，而是為了
回應內心的呼喚。
有行動力的旅行，就
在太雅出版社！從教你
如何旅行，到教你如何
圓夢，太雅始終是你的
旅途良伴。

CONTENTS

夢想的雛型

既興奮又
緊張的時刻

我在廚藝
學校的日子

我是行動
的巨人

2

**展開華麗又窮酸的
40 法國大冒險**

一趟充滿回憶的旅行
需要行動力，圓一個夢
去完成心中的渴望，更
需要行動力。這些旅
人，不只是在旅行，更
是在找自己；並企圖在
旅程畫下句點後，能確
定人生方向，投入他們
真正想要的志業，過他
們更樂意去過的生活。

圓夢，不是靠衝動，
而是一股持續醞釀與增
強的動力；也不是因為

廚藝路雖漫長又艱辛，
但我走得開心踏實

作者簡介

本名方國安，彰化人，國立臺灣大學及成功大學資訊工程研究所畢業，曾在科技園區擔任專案經理、系統分析師以及化工產業廠長。2011年不務正業轉換跑道赴法國學廚藝，就讀藍帶廚藝學校巴黎總校料理初級班，開始把法國廚藝的點滴寫進部落格「安東尼廚房」。同年甄選上巴黎斐杭狄高等廚藝學校廚師職業認證班，與法國人一起準備國家考試，是班上唯一的亞洲人。2012年通過法國國家廚師職業認證文憑，在米其林三星Le Meurice餐廳實習後，接著便開啟6年在巴黎與波爾多多間米其林餐廳的職業廚師生涯，直到2018年底，才從法國回到台灣，成為跨國科技公司的台灣區餐飲總監。如今，安東尼廚房已超過290萬人次瀏覽，成為藍帶、斐杭狄及法國廚藝學校關鍵字搜尋的頭號網站。

作者經歷

2015～2017 Restaurant Comptoir Cuisine (法國波爾多米其林餐廳，30人團隊)
－熱廚配菜組與法式輕食領班，熱廚出餐、商業午餐設計、法式輕食負責人

2014～2015 Restaurant Le Pavillon des Boulevards (法國波爾多米其林一星餐廳)
－前菜組領班，冷熱前菜之設計和負責出餐

2013～2014 Restaurant Monsieur Bleu (法國巴黎東京展覽館，40人團隊)
－前菜組副領班，專職冷廚的出餐

2012 Maison Blanche (法國巴黎香榭麗舍劇院米其林餐廳，30人團隊)
－助理廚師，負責冷廚、熱廚、魚組和配菜組的出餐

2011 Hôtel Le Meurice (法國巴黎米其林三星餐廳，70人團隊)
－實習生，在冷廚、熱廚、宴會廳、客房組和備料組輪職

我其實不是個愛讀書的孩子，通常只有在遇到問題時才會翻書找答案。當我決定到法國巴黎藍帶學廚藝時，也嘗試到市面上找書作功課，然而，除了留學法國的書以外，寫到法國廚藝學校的書卻少之又少，關於藍帶，也只找到兩本學習日記和幾本藍帶官方的食譜書，更別說免費的網路資訊了。於是我開始想：如果市面上都沒有一本這樣的書，我是不是可以自己寫一本？

於是我開始建構部落格，寫下自己如何在廚藝之路摸索，從西餐丙級的課程紀錄，到藍帶料理的上課情況，以及後來到斐杭狄廚藝學校的經歷和米其林餐廳的所見。對攝影技術還算小有研究，所以我的文章總是「有圖有真相」，沒想到如今「安東尼廚房」已超過290萬人次瀏覽，成為藍帶、斐杭狄及法國廚藝學校關鍵字搜尋的頭號網站。

樂於將學廚藝的熱情及資訊與人分享

寫的文章能有人看給我很大的成就感，我也從分享廚藝學校的經驗中交到許多朋友，鼓舞了其他有夢想的人，也被這些懷抱夢想的人鼓舞著。我終於完成了在法國廚藝之路的階段性任務，從廚藝學校畢業，也考取了法國國家廚師認定，不但到過米其林餐廳實習，也順利在法國找到工作，正式進入法國的餐飲業。然而，每個人有每個人的夢想，讀我部落格的格友，也不一定要走跟我一樣的路。於是我開始把我的紀錄和心得，整理成一本手冊，寫的不只是藍帶上些什麼課，而是「在法國，你可以選自己走的路，圓一個你自己的夢！」

你一定要有夢！要逐夢！那裡一定有很多困難，而且不保證成功，但如果你不去試著實踐，就不會知道人生原來可以很不同。回想起決定前往法國那一年，我為了圓夢所作的家庭革命震撼了所有人！我和妻子前往法國的前一天，被我們留在阿公阿媽家的兒子才剛滿一歲生日，任誰都會覺得割捨下這份親情跑去逐夢是很不智的。我在一年半後首次回到台灣最怕的事，就是怕兒子不知道「爸爸是什麼」，所幸，這份親情在努力維繫下沒有斷掉，當兒子開心吃下第一口爸爸做的料理時，我便知道一切都值得了。

圓夢讓我意識到自己活著的目標，也激起能夠在人生中排除萬難的能力，只要你有夢想藍圖，就一定有實現的方法。這本書的初版是在2013年，而現在，妻子和兒子都已經和我旅居法國8年了，我希望兒子能藉由爸爸的肩膀看看這世界的不同，先是法國，然後也許是日本、義大利、美國……。希望這本書也能激起你對夢想的渴望，縮短你跌跌撞撞所花掉的時間，給你矛盾兩難的心境一些勇氣，大步展開你自己的夢想！

ARMANDVS · IO
AEDIFICAVIT · D

法國米其林
三星主廚

雅尼克·亞蘭諾
Yannick Alléno

　　法式料理以其豐厚和創作上的精緻要求，無庸置疑的被世界所公認，我深信它是建立在堅實的基礎上，並且不斷演進，否則不可能傳播出去。它的醬汁可說是來自它的DNA，技術的進步也讓它的創作成為可能，同時，法國富饒且無可匹敵的風土，使得法式料理能夠聲名遠播。

　　我很驕傲能夠傳授一些我的所知給「安東尼·方」，我能肯定他是一位有才華的廚師，這將會是一本培養年輕的台灣主廚，解放對於法式料理的認知和技術渴望的書。

編輯室提醒：本書的廚藝學校、語言學校及其相關資訊，如申請報名資料、學
　　　　　　費、課程內容、師資等，均有變動的可能，建議讀者多利用書中
　　　　　　的網址查詢最新的資訊。

邱泰翰

　　當初是在部落格開始注意到安東尼，他對於餐飲的熱愛以及努力讓我印象深刻，因此有感而發地在版上為他加油打氣，衷心希望這個有為的年輕人能夠完成夢想！今天很高興看到他一步步朝理想邁進，取得了難得的法國職業廚藝文憑！

　　經營餐飲事業這些年以來，樂見台灣餐飲慢慢受到世界各國的薰陶，除了本國料理不斷精益求精外，也不斷向各國學習，步向國際化的腳步！因此，年輕一代有更多機會見識各國料理的精粹，其中尤以料理工藝精琢宛如藝術品的法國，更成為從事餐飲業的莘莘學子追求究極廚藝的最佳選擇，而安東尼的這本工具書無疑就是開啟這扇大門的鑰匙；減少了懵懂摸索的時間與金錢，讓有心學習法式料理的年輕朋友能夠事半功倍，專心於追求夢想，安東尼這些不藏私的切身寶貴經歷，相信價值無以衡量！

邱泰翰

Apprenez la cuisine en France

出發！到法國學廚藝

「如果明年世界就要毀滅了，你還有什麼事最想做？」
「我想要去法國巴黎藍帶廚藝學院學法式料理！」
夢想藍圖就是這樣開始的……。

夢想起飛從零開始

小時候我們都有夢想，長大後反而把它丟掉了，有一天我在想，如果我現在把夢想放著不管，哪一天我才會去實現它呢？

　　當時的我，是朋友旗下一間公司的廠長，從成大資訊工程研究所畢業，並且也在台北的內湖科技園區待過4年的資訊產業。算一算，我已經工作近7年了，在事業上說不上有什麼大成就，但有一份待遇不錯的主管職務，也有著容易進入科學園區的專長及系統分析師經歷，況且我有一個家庭要養。說這話的時候，我甚至心裡在想：「藍帶是在巴黎沒錯吧？還是法國哪裡呢……」，原來我的夢想，還在零的階段。

　　記得國中時，家裡的大姐會煮好吃的咖哩飯，有一次我問她：「咖哩飯怎麼煮？我要學！」於是，這成為我學會的第一道料理！當時只覺得煮東西是件很好玩的事。直到上研究所，遇到我這個愛吃的老婆，教我懂吃義大利麵，甚至在我生日時聯合朋友送我烤箱、食譜及碗盤餐具當生日禮物，預謀我煮好吃的給她吃，我才開始常常下廚。單單靠這幾樣生日禮物加上我的小電磁爐，我也是可以在學校宿舍煮出酥皮海鮮濃湯、焗烤，及各種口味的義大利麵呢！怎麼也沒想到，原來這蟄伏在心裡對作料理的興趣，有一天會成為我走上廚師這條路的種子。

　　「去啊～我和兒子可以在台灣等你回來。」這是當時我老婆的回答。

　　就這樣，我認真計畫起來了。我把在公司廠長的職務辭掉，很快就去報名了半年期的康橋外語中心法語班，重拾睽違已久的法文課本。接著，報名西餐丙級廚師的證照考試，並開始研究法國那將近一百多間的語言學校法語課程。

　　把每天都當作生命的最後一天，你會發現生命中真正重要的事，讓你充滿能量，並產生強大的熱情和勇氣去完成它。可惜的是，太多人都把一輩子花在做「該做的事」，而不是「想做的事」，如果人生只為了升學找工作，賺錢買房子，那只是在履行活在社會上的義務，不是很慘嗎？這樣的想法在我看了《巴黎藍帶廚藝學校日記》一書後，更是被作者一句話打醒：「做一件不喜歡的工作，和天天蹲牢房沒兩樣。……更慘的是，我覺得自己到處招搖撞騙。」

　　於是我不顧所有人的反對，甚至不顧現實生活的壓力，打定主意要開始學法式料理，而且一定要去法國藍帶學！為的不只是一份廚師的工作，而是要讓「圓夢」與我的人生相結合。如果成為藍帶畢業的廚師，會是我只剩一天生命都想努力的夢想，那一定也能支撐我一輩子開心地為料理工作著吧！

許自己六個理由到法國學廚藝

圓一個夢想

不僅僅是為了成為廚師或甜點師，更可以到慕名已久的法國廚藝學校朝聖，瞻仰以前的名人，並以一個浪漫的計畫，做一件令人生不再有遺憾的事！

可學道地料理與美食之旅

畢竟是法式料理，如果能夠到法國嘗嘗當地的味道，接觸當地的食材，這自然是最直接且正統的方式了。更何況法國聚集了世界上這麼多的米其林餐廳，如果能夠來一趟美食之旅，對於法式料理的視野當然也有所增廣。

擁有一張漂亮的文憑

也許你已經錯過在台灣當學生的年紀了，無法到餐旅大學就讀餐飲或烘焙科系，但法國有許多廚藝學校，只要經濟許可，透過這些廚藝學校設計的課程，也可以取得專業文憑和在職進修。

近距離接觸世界級大師

許多世界名廚和世界名店都聚集在法國，透過廚藝學校與這些企業的合作，很有機會能到名店實習，因此也可以接近大師觀摩和學習。就算進不了名店實習，進去消費也有機會和大師合照的呀！

體驗留學生活

留學生活不易，如果想要體驗人生，學習獨立，讀廚藝學校是比申請大學還容易的方式，只要有預算，甚至沒有英、法語檢定也可以。

許自己一個法國之旅

到法國學廚藝，短則一個月，長則三、五年，不管怎麼説，都是一段為期不短的旅程，趁此機會旅遊法國，甚至其他歐盟國，將會使你這一趟學習不但知性，而且充滿浪漫與感性。

在台灣也可以學廚藝，為什麼一定要去法國學？台灣有很多好學校和厲害的老師，能夠在我們自己的國家用中文學習，在理解和吸收上效果是最大的。但總有一些理由，讓我們不得不想去法國看一看。

被稱為二十世紀最偉大的名廚「Paul Bocuse」

❶ 法國的最佳工藝得主MOF，同時也是米其林三星餐廳的名廚－「Manuel Martinez」 ❷ 巴黎巧克力與甜點名店ANGELINA的櫥窗，總是有絡繹不絕的觀光客 ❸ 藍帶的學生來自許多國家，有些並不是未來要當廚師，而是想體驗留學生活並認識國際朋友 ❹ 法式烤蝸牛，與台灣的焗烤田螺有很大的差別 ❺ 法國的平民料理－番茄塞餡 ❻ 我的朋友在藍帶畢業典禮上取得藍帶料理文憑

為了圓夢，總是會有家庭革命

到法國學廚藝的朋友，最大的困難幾乎都是說服家人，畢竟學費很貴，很少人完全靠自己存好一百萬的藍帶學費。因此，你會需要家人的支持，同時，你也不希望跟家人是以決裂的方式奔往法國吧！要說服家人，最有力的武器就是展示你的「決心」，如果你連自己都還沒準備好，家人當然更沒準備讓你「一頭栽進去」。

赴法學廚藝應作哪些準備：

- 搜集資料，了解所選定廚藝學校的課程內容、修業年限及學費。
- 語言能力的具備，擁有英語或法語的溝通及理解能力。
- 對於國外食、衣、住、行等生活上的開銷，要能依自己的設定編列預算。
- 對於未來出路要有清楚的了解，廚藝學校畢業不代表成為大廚，良好心理準備下所做的決定，努力的熱情才能夠持續。

從決定到法國藍帶學廚藝起，我便不斷上網查資料，打電話到留學中心詢問，上網路論壇與經驗人士做討論，甚至想辦法認識藍帶回來的人。在4個月的準備後，我深信對於此趟法國行的情況已經有足夠的了解，才首度跟家人長輩提起，開始第一場戰役！

長輩想到的當然是種種廚房工作的辛苦，工時長、薪水低、耗體力，加上殺手鐧──「吃飯時間總是不能跟家人在一起」。這些真的都是對的，如果你原來沒有想到這些，把它考慮進去吧！然後再掂掂赴法學廚藝在你心裡的重量。

確實要成功並沒那麼容易，即便我列舉了一些從

藍帶回來的成功例子，拿報紙的美食情報說明飲食文化的趨勢，甚至拿出「實現夢想永遠不嫌晚」一類的勵志報導來說服長輩，還是不得不承認，這是很大的冒險。然而，自古無場外的舉人，如果光是想到有多難就因此不去做，那就只能當一個平凡人，平凡的人遭遇平凡的困難，想要不平凡就得建立堅毅的決心，迎戰前面不平凡的挑戰。就算在法國的生活費仍沒有著落，也要充滿幹勁去闖！非法打工也好，寄宿破房子也好，不管下場可能有多艱困，也不能還沒出發就放棄。其實當你的心這麼想時，即使你人還在台灣，你已經開始逐夢了。

❶里昂的傳統餐廳，菜單以寫黑板的方式擺在門口，招牌便標榜著「里昂菜」❷高雄餐旅大學西餐丙級課程的實作課 ❸巴黎巷弄裡餐廳的露天座位，充滿夢想味道的法國餐廳 ❹一年半的離別後，首次將兒子帶來法國「觀光」

我的逐夢手札

夢想很重要，家人也很重要，當兩者有衝突時，最好試著用成熟的智慧和平解決，深深體悟千萬不要像連續劇演的，「毅然決然離家出走去法國逐夢」。夢想有可能被想像過度美化了，它有風險，但家人的情感是永遠不變的，是陪伴我人生最長久的東西。

▶圓夢前的疑問

一定要會法語嗎

以藍帶廚藝學校來說，入學條件並沒要求具備英語或法語程度的文憑，上示範課主廚講的是法語，旁邊有翻譯員即時作英語口譯。以往只有初級班和中級班才有英語口譯，到高級班就必須全法語上課，2011年起已經連高級班都有英語口譯了。至於實作課，主廚說的是法語，旁邊不會有英語口譯，雖然主廚偶爾會講幾句英文，建議還是培養一點法文的聽力。

以斐杭狄廚藝學校(Grégoire Ferrandi)來說，唸CAP證照班的語言要求是法語DELF B1或TEF Niveau 3的文憑。會這樣要求主要是CAP職業任用證書的考試中，包括了法文的地理、歷史、物理、化學、數學、衛生學及料理學等學科考試，當然法文程度也就要

藍帶示範課的英語同步口譯

有一定的水準。而如果唸的是國際班，因為主要學員都是外國人，所以不管是料理或甜點課程都是全程英語授課，報名文件裡倒也沒有提到需要英文檢定文憑。

至於保羅伯庫斯餐飲學校(Institut Paul Bocuse)，三年制的料理藝術及餐飲管理課程，入學的條件是須有法語DELF B2的文憑，據說報名後學校會安排面試，面試時法文的實際表現會比你擁有DELF B2文憑來得重要，表現優異則可參加入學考試，表現不好即使你確實有DELF B2文憑都照樣刷掉。

除了以上列舉的這些長期課程外，法國相當多學校也開辦短期課程，如藍帶、雷諾特(Lenôtre)、斐杭狄、保羅伯庫斯及École de Cuisine Alain Ducasse等，這些短期課程從1天到幾個月不等，通常都不會要求語言文憑，甚至直接是英語授課。

一般常見的法語文憑

1.DELF／DALF

由法國教育部核發給外籍人士的語言程度鑑定文憑，DELF是法語學習文憑(Diplôme d'Étude en Langue Française)，DALF是法語深入學習文憑(Diplôme d'Approfondi de Langue Française)，字面上可以看得出來後者難度比較高，幸好一般廚藝學校，甚至大學或研究所都只要求DELF。附帶一提，DELF／DALF文憑是終生有效的，這也是為什麼它受歡迎的原因。

2.TEF

全名是法語水準測驗(Test d'Evaluation de Français)，由巴黎工商業公會(CCIP)所辦理，經法國教育部認可，成績一年內有效。而斐杭狄廚藝學校本身就是巴黎工商業公會旗下的三所學校之一，當然它報名時接受TEF文憑囉！

3.TCF

全名是法語程度鑑定測驗(Test de Connaissance du Français)，由國際教學研究中心(CIEP)主辦，成績為二年內有效。比起DELF／DALF，TCF考試壓力比較小，因為不管程度如何，總會落在某個分數區間，取得該級的認證。不像DELF／DALF依級數分別報名，如果分數沒有達到該級標準，就什麼都沒有了。

 我的逐夢手札

打從決定到法國學廚藝起，法語就連帶在我的學習規畫中了，就好像去美加留學的人也順便把英語練好一樣。我很慶幸自己在法國的小鎮過了將近1年的法語學習生活，那不但是前進廚藝學校前的暖身，也是我初到法國最寶貴的留學生活體驗。

▶圓夢前的準備 1

如何選擇法國的語言學校

世界上以法語為母語的人口為8,900萬，如果再加上其他使用法語為第二外語的，就超過3億人了。法語同時也是聯合國及歐盟選定的官方語言，光是法國境內的語言學校就有上百家，赴法學法語，究竟該如何選擇語言學校呢？

法國在台協會的官方網站，以前曾經放了一份將近百家語言學校的中文簡介供人下載，只是由於資料太舊(2006年)，檔案已經被移除了。這份資料雖然舊，但對於當初不懂法文的我來說真是找到救星，從資料裡可以瞭解這近百家語言學校的學費、所在城市、課程種類、是否提供住宿、是否提供工讀、舉辦活動等。

這份中文簡介所列的學校，就是所謂的「優質法語語言學校」(qualité français langue étrangère)，由法國外交部、高等教育部及文化部，每年委託法國國際教學研究中心(C.I.E.P.)評審法語教學中心，評定優秀者才獲頒證書並列上去的。中文版是由法國巴黎高等翻譯學院校友翻譯，並提供給法國在台協會使用的，雖然目前已沒有較新的中文翻譯版本，讀者仍可以自行上「優質法語語言學校」官網，下載最新法文版的語言學校列表來研究。(http www.qualitefle.fr)

選擇「優質法語語言學校」列表裡的學校，一方面可以避免申辦學生簽證遭遇認可上的問題，一方面對於教學品質也比較

有保障，但列表裡終究有近百間之多，如何根據自己的需求作進一步篩選呢？以下一些建議提供讀者參考：

選擇巴黎，學校多、又可玩樂，但荷包要夠深

語言學校所在的城市決定了你剛到法國的第一印象，而且有可能一待就是半年～二年，所以，選個你想要生活的城市相當重要。巴黎，有最多的語言學校可以選，課程時數彈性、文化活動多且交通發達，如果經濟不是問題的話，可以報個包吃包住包玩樂的語言學校，滿足你一邊觀光一邊遊學的癮，缺點就是房租和學費都比外省貴三～五倍。

外省，好處就是便宜，尤其如果你選擇的是小鎮，房租可能比在台灣的中南部還要低！小鎮雖然沒有巴黎的富麗堂皇，但古樸的法式房舍，小巷弄裡的咖啡館，熱情和善的法國居民，都比巴黎人更具法國味。如果你想要比觀光客更深入法國，更融入法國家庭，小鎮的居民才真正有耐心和你慢慢講法文，並邀請你到他們家的庭院吃飯，散步聊天呢！

可參加大學內的課程或是私人機構

大部分語言學校為大學裡外語學院附屬的語言中心，這類語言學校的好處就是擁有校園生活，學校會發學生證，可以和其他大學生一樣在學校裡參加活動、社團，甚至免費的體育課，當然也包括住學校宿舍的權利。

❶ 我們被普瓦捷所認識的法國朋友邀請到家裡共進法式的戶外晚餐 ❷ 氣派的索邦大學是許多人在巴黎唸語言學校的選擇 ❸ 在巴黎舉辦的2012歐洲麵包展 ❹ 巴黎日本人創辦的AAA法語學校，是許多亞洲人遊學的選擇

①在巴黎舉辦的餐飲就業博覽會 ②普瓦捷大學外語學院的圖書館

私人機構的語言學校，沒有校園，但中心的設備通常較大學裡的新，課程也有比較多的量身訂作。一般來說，私人機構的學費會比較昂貴一點，但相對的服務也比較貼心。

代辦可省去許多麻煩，但自助也不難

以前台灣的代辦中心只幫少數幾間知名的語言學校作代辦，目前代辦的學校已經增至三十幾間，讀者可以與代辦中心預約免費的諮詢。如果你選定的語言學校是法國文化協會，甚至可以直接由台灣的法國文化協會代辦。而有心自己找語言學校並自己報名的，也不會太難，主要花時間的就是選學校，一旦選定後，接著：

1. 上該學校的官網，下載申請書(一定有英文版)。
2. 依據學校所訂的「預註冊」費用(類似訂金)，去銀行買一張匯票。
3. 把填妥的申請書、所需的文件及匯票，到郵局一併以航空掛號寄給學校。

寄出申請書大約二週後，就會收到學校寄來的入學許可，憑此入學許可便可以申請赴法的長期學生簽證。

我整理了幾間語言學校的資料，提供讀者參考，課程部分我僅列出大概，更多詳細資料，以及新年度的學費請上該中心官網查詢。

我都使用這些好用網站

國內最有名的留法論壇當屬「**解悶來法國**」，不管是語言學校資料、食、衣、住、行或簽證等問題，都可以在該論壇查到相當豐富的資料。另外，中國大陸的論壇「**新歐洲社區**」(舊名：戰鬥在法國)，也是可以好好利用的資源。

優質法語語言學校
http www.qualitefle.fr

台灣法國文化協會
http www.alliancefrancaise.org.tw

法國在台協會
http france-taipei.org

留法台灣同學會-解悶來法國
http roc.taiwan.free.fr/bbs

新歐洲社區
http bbs.xineurope.com/forum.php

實用法語單字

Cours	課程
Niveau	等級
Semaine	週
Semestriel	學期的
Année	年度
Apprenant par groupe	每班學員(人數)
Tarifs	價目表

法國語言學校參考資料

學校法文名稱	簡介及官網	課程及學費	優缺點
Institut de recherche et de formation en français langue étrangère Université de Nantes(IRFFLE)	南特大學法語教學中心，位於法國西部偏北羅亞爾區的南特，非常靠海的城市，是該行政區的首府 http www.irffle.univ-nantes.fr	一般班：1,400€／學期(每週18小時) DELF B2證照班：270€／18小時	·設備不算新 ·台灣人不少
Centre international d'études Angers françaises (CIDEF)	西部天主教大學國際法語中心，位於法國西部偏北羅亞爾區的翁傑，在南特東邊	一般班：3,095€／學期(每週21小時) 暑期班：1,417€／月 http www .cidef.uco.fr	·可找留學代辦 ·提供住宿服務

學校法文名稱	簡介及官網	課程及學費	優缺點
Alliance française Strasbourg Europe École de langue et de civilisation françaises	史特拉斯堡法國文化協會，位於法國東北阿爾薩斯區的史特拉斯堡，地處德法邊界，是該行政區的首府 http www.afstrasbourg.eu	有各種課程，學費須從官網向協會洽詢	· 可由台灣法國文化協會免費代辦 · 自己有辦DELF及TCF考試 · 有合作之住宿安排 · 天氣好冷
Centre de français langue étrangère Université de Poitiers(CFLE)	普瓦捷大學法語中心，位於法國西部中間普瓦圖──夏朗德區的普瓦捷(作者的學校)，著名的古城，是該行政區的首府 http cfle.univ-poitiers.fr	一般班：1,000～1,400€／學期(每週20小時)	· 設備不算新 · 台灣人不少 · 教學相當認真
Institut de Touraine (IEFT)	杜爾學院，在法國中部偏北的杜爾，地處羅亞爾河谷城堡群當中，這裡也是法語的發源地，古時候皆是王室貴族，因此有人說這裡可以學到最正統的法語口音 http www.institutdetouraine.com	每週15小時的一般班，可選擇2週～36週，費用從420～6,160歐元	· 可找留學代辦 · 提供住宿服務 · 台灣人及其他亞洲人皆不少
Institut de langue et de culture françaises Université catholique de Lyon(ILCF Lyon)	里昂天主教大學法語及文化中心，位於法國東部偏南的羅納-阿爾卑斯區的里昂，法國的第二大城 http www.ilcf.net	半密集班：1,625€／學期(每週16小時) 密集班：2,161€／學期(每週20小時) 暑期班：705€／月(每週20小時)	· 法國的「美食之都」 · 台灣人很多 · 可找留學代辦 · 提供住宿服務
Centre international de langue française (CILFA), Annecy-Le-Vieux	安錫法語國際中心，位於法國東部偏南的羅納-阿爾卑斯區的安錫，阿爾卑斯山下，靠近瑞法邊界，是DELF／DALF的考試中心 http www.cilfa.fr	以11週的課，不同時數來分： 1,950€／學期(每週20小時) 1,640€／學期(每週17小時) 1,310€／學期(每週15小時) 370€／學期(每週3小時)	· 湖光山色風景好的寧靜小鎮 · 學費已包含爬山及郊遊活動 · 台灣人較少 · 可找留學代辦 · 提供住宿服務 · 自己有辦DELF考試，夜間有DELF加強課程
Institut français des Alpes(IFALPES à Annecy)	阿爾卑斯法語學院，位於法國東部偏南的羅納-阿爾卑斯區的安錫，阿爾卑斯山下，靠近瑞法邊界 http www.ifalpes.com/fr	密集班：從1週～24週的課都有，學費從240€～4,230€(每週15小時) 半密集班：從11週～34週的課都有，學費從1,815€～5,610€(每週9小時) 滑雪班：即是密集班加上滑雪活動，從2週～10週的課都有，2週班滑雪2次共640€，10週班滑雪18次共3,405€	· 湖光山色風景好的寧靜小鎮 · 著重生活及旅遊法語 · 會有付費的滑雪活動 · 台灣人較少 · 可找留學代辦 · 提供住宿服務
Cours de civilisation française de la Sorbonne(CCF)	巴黎索邦大學法國文化中心，位於法國首都巴黎的五區，非常市中心，也是充實文藝氣息的左岸 http www.ccfs-sorbonne.fr	一般班：1,950€／12週(每週12小時) 密集班：3,900€／12週(每週25小時) 夜間班：900€／12週(每週6小時) 暑期班：880€／4週(每週20小時)	· 可找留學代辦 · 提供住宿服務 · 風評相當好，著重文法、閱讀及寫作能力 · 台灣人及其他亞洲人皆不少
Institut de langue et de culture françaises (ILCF) – Institut catholique de Paris (ICP)	巴黎天主教大學法語及文化學院，位於法國首都巴黎的六區，非常市中心 http www.icp.fr/ilcf	基本註冊費98€／年 學期班：每週3小時～21小時的課都有，費用從510€～3,180€／學期(15週) 夜間班：764€／15週(每週4小時)	· 可找留學代辦 · 提供住宿服務 · 著重口語會話，課程進度相當快
Alliance française Paris Île-de-France (AF Paris)	巴黎法國文化協會，位於法國首都巴黎的六區，非常市中心 http www.alliancefr.org	一般班：253€／週(每週20小時) 非密集班：226€／雙週(每週9小時) 夜間班：236€／月(每週4小時)	· 可由台灣法國文化協會免費代辦 · 自己有辦DELF及TCF考試 · 有合作之住宿安排 · 師資及同學流動率高 · 價格昂貴的私人機構服務通常較貼心
Département d'Etudes de Français Langue Etrangère Université Michel de Montaigne Bordeaux III (DEFLE)	波爾多第三大學法語學程部，位於法國西南阿基坦區的波爾多，法國的第四大城，被稱為世界葡萄酒中心 http defle.u-bordeaux-montaigne.fr	日間班：950€／學期(每週16小時) 夜間班：270€／學期(每週2.5小時) 暑期班：650€／月(每週20小時)	· 不在優質法語語言學校之列 · 可找留學代辦 · 提供住宿服務 · 白人居多且生活相當便利
Centre universitaire d'études françaises (cuef) – Université Stendhal Grenoble 3	Grenoble第三大學，位於法國東南的普羅旺斯，聽說不錯 http cuef.univ-grenoble-alpes.fr	密集班：800€／月(每週20小時) 一般班(限B1以上)：1,830€／學期 暑期班：800€／月(每週20小時)	· 可找留學代辦 · 自己有辦DELF考試 · 學生宿舍320€／月；寄宿家庭含早晚餐600€／月 · 文化班一班人數在50～100人 · 口語、寫作、文法、閱讀都著重 · 有跳傘、活雪及登山活動 · 亞洲人比例高

註：資料易有變動，請多加利用網址確認其正確性

▶圓夢前的準備 2

如何選擇法國的廚藝學校

法國的廚藝學校多不勝數，但並不是每一間都有外國人可唸的課程。舉凡法語程度、預算考量、預計停留法國的時間、學習目標或師資，都是考慮的重點。

選擇的方式當然很多種，廚藝學校選擇分析表(P.25)是以語言為出發點的落點分析，試試看你想唸的是哪一間學校吧！

廚藝學校選擇分析表列出的皆是適合外國人且初學者也可以念的知名學校，藍帶的雙語教學在亞洲已是素負盛名；斐杭狄(Ferrandi)則因兼具法語課程和英語課程而在亞洲日漸知名，相對於藍帶在亞洲的聲望，斐杭狄則在法國廚藝界擁有一席之地。

但若要說法國第一的廚藝學校，世紀名廚保羅伯庫斯爺爺所創辦的學校Institut Paul Bocuse可以說是當之無愧，兩年半的全方位餐飲課程訓練，不但畢業可獲得大學文憑，在世界各地的業界也可說是暢行無阻，

❶雙語教學的藍帶吸引最多亞洲與美洲的學生 ❷除了練廚藝，也要常在圖書館K書準備考試呢 ❸雷諾特美食學校的學校宿舍，照片由Phoenix提供 ❹斐杭狄校園中庭穿梭的各科系學生 ❺雷諾特美食學校在歐洲麵包展出動M.O.F.表演吸引招生

如此優秀的學校，申請入學也就跟它的名氣一樣——出了名的難！

而什麼又是CAP證照呢？這個字是Certificat d'Aptitudes Professionnelles 的縮寫，意思是「職業任用證書」，想要在法國以某個專長執業，必須通過法國的國家考試，取得CAP。餐飲方面的CAP除了有廚師、甜點師和麵包師以外，也有魚販和肉販等等。在法國，CAP相當於高職畢業生參加的國考，除了料理及甜點實作考試之外，還有通識科目如物理、化學、數學、法語、外語、衛生學、商學的筆試和口試，這些科目即便是拿著碩士文憑的外國人也不能豁免。

至於學徒制的CAP課程，上課不用學費，上班又有薪水可以領，堪稱兩全其美啊！但它的申請不比Institut Paul Bocuse簡單！除了有年齡的限制之外，需要通過學校的入學申請，同時也要找到企業願意與你簽約並轉換工作簽證，難度猶如在法國找工作。

對於本身已在餐飲領域的讀者，可以專挑有興趣的單元課程或高級班課程報名，日子算準的話，連學生簽證都不用辦就可以來一趟三個月的廚藝遊學呢！

關於課程的學費、期程、報名限制及取得文憑，可以參考P.24的〈法國廚藝學校相關資料〉。

斐杭狄學校入口的接待中心

少部分學校有提供自費的學生宿舍，其他還有如名廚Alain Ducasse、Cyril Lignac或Pierre Hermé所開的廚藝甜點教室，都是來法國短期進修不錯的選擇。至於知名的巴黎麗池廚藝學校，筆者接到飯店方面寄來的官方通知得知：自2012年8月起，麗池將進行為期27個月的大整修，這期間飯店和學校都將暫時關閉。

以下的〈法國廚藝學校相關資料〉是一些較常見課程的重要資訊整理，資料若有變動，或想了解更多課程，請參考官網。

藍帶廚藝學校巴黎總校
http www.cordonbleu.edu

斐杭狄高等廚藝學校
http www.ferrandi-paris.fr

雷諾特美食學校
http www.ecole-lenotre.com

保羅伯庫斯餐飲學院
http www.institutpaulbocuse.com

法國國立高等糕點學校
http www.ensp-adf.com

盧昂國立麵包及糕點學校
http www.inbp.com

巴黎麵包及糕點學校
http www.ebp-paris.com

歐里拉法國麵包糕點及廚藝學校
http www.efbpa.fr

巴黎貝魯耶協會美食學校
http www.ecolebellouetconseil.com

我的逐夢手札

一般人對法國的廚藝學校所知太少，因此選擇名校就讀在所難免，但如果你探聽過、對課程內容及學費做過了解、對未來的出路也思考過，那麼就應該選擇一所「適合你的學校」，而不是盲從大家前進「學殿」或「學店」。我也就是這樣摸索，找到適合自己的廚藝學校。

實用法語單字

Ecole	學校
Formation	課程
Cuisine	料理
Pâtissier	甜點師
Boulanger	麵包師
Apprentissage	學徒
Stage	實習
Enseignements généraux	通識教育
M.O.F.	法國最佳工藝
(Meilleurs Ouvriers de France)	

法國廚藝學校相關資料

廚藝學校	課程種類	期程	
Le Cordon Bleu Paris 藍帶廚藝學校巴黎總校 (法蘭西島巴黎省Paris)	料理班	分初級、中級和高級三期，每期2.5個月共210小時(每週18小時)	
	甜點班		
	料理甜點雙修	分初級、中級和高級三期，每期2.5個月。同時上料理與甜點課(每週36小時)	
	料理密集班／甜點密集班	分初級、中級和高級三期，每期1個月(每週52小時)	
	各類主題單元班	數小時～數天	

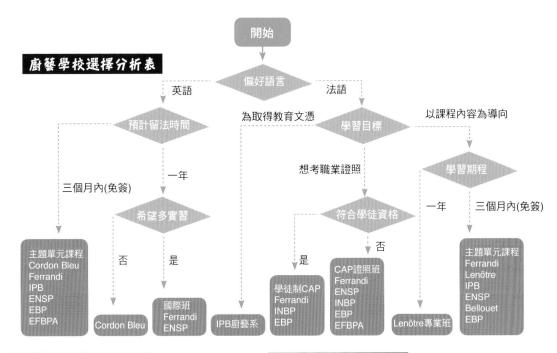

廚藝學校選擇分析表

開始 → 偏好語言

- 英語 → 預計留法時間
  - 三個月內(免簽) → 主題單元課程 Cordon Bleu / Ferrandi / IPB / ENSP / EBP / EFBPA
  - 一年 → 希望多實習
    - 否 → Cordon Bleu
    - 是 → 國際班 Ferrandi / ENSP
- 法語 → 學習目標
  - 為取得教育文憑 → IPB廚藝系
  - 想考職業證照 → 符合學徒資格
    - 是 → 學徒制CAP Ferrandi / INBP / EBP
    - 否 → CAP證照班 Ferrandi / ENSP / INBP / EBP / EFBPA
  - 以課程內容為導向 → 學習期程
    - 一年 → Lenôtre專業班
    - 三個月內(免簽) → 主題單元課程 Ferrandi / Lenôtre / IPB / ENSP / Bellouet / EBP

廚藝學校法國分布圖

- 盧昂國立麵包及糕點學校 Institut National de la Boulangerie Patisserie(INBP)
- 盧昂Rouen
- 凡爾賽Versailles
- 巴黎Paris(有4間廚藝學校,見右圖)
- 雷諾特美食學校Ecole Lenotre
- 法國France
- 保羅伯庫斯餐飲學院 Institut Paul Bocuse(IPB)
- 里昂Lyon
- 歐里拉法國麵包糕點及廚藝學校 Ecole Francaise de Boulangerie et Patisserie d'Aurillac(EFBPA)
- 法國高等糕點國際學校 Ecole Nationale Superieure de la Patisserie(ENSP)

廚藝學校巴黎分布圖

- 斐杭狄高等廚藝學校 Ecole Gregoire Ferrandi（六區）
- 十五區
- 巴黎貝魯耶協會美食學校 Ecole Gastronomique Bellouet Conseil Paris
- 藍帶廚藝學校 巴黎總校 Le Cordon Bleu Paris
- 十二區
- 巴黎麵包及糕點學校 Ecole de Boulangerie et Patisserie de Paris(EBP)

學費	授課語言	報名限制	取得證書	額外實習
28,850€ (刀具制服內含) 若報名單期10,600€			料理修業認證	上完完整三期可以有2個月無薪實習
22,800€ (刀具制服內含) 若報名單期8,500€			甜點修業認證	上完完整三期可以有2個月無薪實習
49,200€ (刀具制服內含)	英法雙語	書面審核,無特別限制	料理＋甜點修業認證	上完完整三期可以有4個月無薪實習
費用比照料理和甜點的單期報名費			料理／甜點修業認證	上完完整三期可以有2個月無薪實習
依主題不同			修課證書	無

接下頁 ▶

廚藝學校	課程種類	期程	
École Grégoire Ferrandi(École Française de Gastronomie) 斐杭狄高等廚藝學校 (法蘭西島巴黎省Paris)	CAP廚師證照班	4.5個月共510小時(每週34小時) 若加選通識課程加上90小時(每週6小時) 若加選英文課加上48小時(每週3小時)	
	CAP甜點師證照班	4個月共492小時(每週34小時) 若加選通識課程加上90小時(每週6小時)	
	CAP麵包師證照班	4個月共465小時(每週34小時) 若加選通識課程加上90小時(每週6小時)	
	CAP學徒班(廚師／甜點師 ／麵包師)	1～2年，15天在學校上課，15天在企業上班的建教合作	
	國際料理班	5個月共660小時(每週30小時)	
	國際甜點班		
	各類主題單元班	1天～15天	
École Lenôtre 雷諾特美食學校 (法蘭西島伊芙林省Yvelines)	甜點班	分初級、中級和高級三期，每期8週，三期共920小時(每週40小時)	
	各類主題單元班	2天～5天	
Institut Paul Bocuse(IPB) 保羅伯庫斯餐飲學院 (羅納阿爾卑斯地區隆河省 Rhône)	廚藝及餐廳管理系	3年	
	短期班	2～7週	
École Nationale Supérieure de la Pâtisserie (ENSP) 法國國立高等糕點學校 (奧弗涅地區上羅亞爾省Haute-Loire)	CAP甜點師證照班	1034小時(每週29小時，通識課程已內含)	
	國際甜點班	5.5個月共661小時(每週32小時)	
	國際麵包班	2個月共250小時(每週32小時)	
	各類主題單元班	2天～5天	
Institut National de la Boulangerie Patisserie(INBP) 盧昂國立麵包及糕點學校 (上諾曼地區濱海塞納省Seine-Maritime)	CAP證照班(甜點師 ／麵包師)	6.5個月甜點師共600小時；麵包師共734小時(每週32小時) 若加選通識課程加上106小時(每週6小時)	
	CAP學徒班(甜點師 ／麵包師)	1年(上課共636小時)，15天在學校上課，15天在企業上班的建教合作	
École de Boulangerie et Pâtisserie de Paris(EBP) 巴黎麵包及糕點學校 (法蘭西島巴黎省Paris)	CAP證照班(甜點師 ／麵包師)	4個月	
	CAP學徒班(甜點師 ／麵包師)	1年(上課共460小時)，15天在學校上課，15天在企業上班的建教合作 也可選擇2年制	
	暑期班(甜點／麵包)	2.5個月共350小時(每週32小時)	
École Française de Boulangerie et Pâtisserie d'Aurillac(EFBPA) 歐里拉法國麵包糕點及廚藝學校 (奧弗涅地區康塔爾省Cantal)	CAP證照班(甜點師／麵包師／廚師)	22週	
	CAP證照班(甜點師麵包師雙修)	43週	
	各類主題單元班	3天	
École Gastronomique Bellouet Conseil Paris 巴黎貝魯耶協會美食學校 (法蘭西島巴黎省Paris)	甜點、麵包、巧克力和冰淇淋綜合班	3個月共432小時(每週36小時)	
	各類主題單元班	1～5天	

註：資料易有變動，此為2018年資訊，請多利用網址確認其正確性

學費	授課語言	報名限制	取得證書	額外實習
9,450€(需自備刀具制服) 加選通識課程再加2,000€ 加選英語課程再加1,050€	法語	1.需具備DELF B1法語鑑定文憑 2.第一關書面審核，第二關面試審核，通過面試始可入學	學校頒發修業認證，通過國家考試可取得CAP文憑	必須完成14週實習，始可參加國家考試
8,976€(需自備刀具制服) 加選通識課程再加2,000€	法語			必須完成16週實習，始可參加國家考試
8,228€(需自備刀具制服) 加選通識課程再加2,000€				
免費且有薪資	法語	1.16～30歲 2.須通過書面審核或筆試		上班之外無額外實習
23,000€(刀具制服內含)	英語	書面審核，無特別限制	料理班修業認證	必須完成3～6個月有薪實習
23,000€(刀具制服內含)				
依主題不同	英語／法語	無特別限制	修課證書	無
28,900€ (含刀具、2套制服和長褲、1雙安全鞋，以及上課每日的早餐和午餐)	法語	法語A2水準，書面報名審核及視訊面試	修業認證	可在校方開的餐廳或甜點店作2次各1週的實習
依主題不同	法語	無特別限制	修課證書	無
第一年11,800€，第二、三年各10,200€(刀具制服內含) 另有雜費每年2,500～4,000€不等	法語	1.18歲以上，具備法國高中畢業會考文憑，或是國際高中會考文憑 2.報名截止日為每年5/31 3.具備DELF B2法語鑑定文憑(或TCF420分)。 須通過書面審核、筆試和面試審核始可入學	大學畢業文憑(法國的bac+3)	上課期間包含10個月的實習，以及與其他國家合作的學校做交換，包括英國、愛爾蘭、俄羅斯、南韓、馬來西亞
4,150€～7,250€(書籍制服內含，刀具可加330€向學校加購)	英語／法語	書面審核，無特別限制	修課證書	無
15,240€(含1刀具組、2套廚師服、帽子和圍裙)	法語	第一關報名審核，第二關面試審核，通過面試始可入學	學校頒發修業認證，通過國家考試可取得CAP文憑	必須完成2個月280小時無薪實習，始可參加國家考試
19,700€ (含1套刀具組、2套廚師服、帽子和圍裙)	英語	書面審核，無特別限制	修業認證	必須完成2個月實習
8,100€ (含1套刀具組、2套廚師服、帽子和圍裙)	英語	書面審核，無特別限制	修業認證	選擇性的1個月實習
依主題不同	法語	無特別限制	修課證書	無
1.甜點師9,435€／麵包師11,203€ 2.加選通識課程再加2,000€ 3.加選10週／20週實習再加433€／731€	法語	1.18歲以上 2.須通過書面審核，無特別限制	學校頒發修業認證，通過國家考試可取得CAP文憑	8週的必修實習，另可付費實習10或20週
免費且有薪資	法語	1.16～25歲，具高中文憑 2.須通過書面審核或筆試		上班之外無額外實習
甜點師7,917€／麵包師7,207€	法語	1.26歲以上 2.須通過書面審核，筆試或口試通過始可入學	學校頒發修業認證，通過國家考試可取得CAP文憑	3～5週
免費且有薪資	法語	16～25歲，具高中文憑須通過書面審核或筆試		上班之外無額外實習
4,675€	英語／法語	書面審核，無特別限制	修業認證	可實習
1.甜點師9,936€／麵包師9,200€／廚師11,350€ 2.加選通識課程再加1,300€	法語	1.21歲以上 2.書面審核	學校頒發修業認證，通過國家考試可取得CAP文憑	7週
1.共18,676€ 2.加選通識課程再加1,300€	法語			15週
依主題不同	法語	無特別限制	修課證書	無
14,400€ (包含刀器具、3件廚服、2件廚褲及3件圍裙)	法語	無特別限制	修課證書	最多2個月實習
依主題不同	法語	無特別限制	修課證書	無

▶圓夢前的準備 3

藍帶廚藝學校報名方式

並非每一所廚藝學校都可以在台灣以通訊方式完成報名，但藍帶可以，這也是它親切的地方。最遲應多久以前報名？一般來說，提早三個月或半年報名是必需的，9月開學的班大概是最多人搶著報的。

想了解藍帶的詳細課程介紹，以前要靠「解悶來法國」與「戰鬥在法國」論壇，許多前輩撰寫過的文章多已編入精華區，建議讀者可以在論壇上勤作功課。而自2011年起，藍帶的官網已經有簡體中文版了，可見華人的數量在藍帶已經逐漸占有一席之地。現在不但可以直接在官網查詢課程資訊，也可以直接用網頁報名，因此整理了一些重要資訊和畫面供大家參考。

報名資格及學費

藍帶的課程是針對國際學生為主，尤其針對亞洲學生，因此在招生的資格上沒有太多的限制。只要具備高中以上學歷，不需讀過相關科系，也不需要法文能力鑑定文憑就能申請，是一間初學者最適合申請的廚藝學校。

申請準備資料：

- 下載官網申請表填寫
- 英文個人履歷(一頁)
- 英文動機信(一頁)
- 高中以上英文畢業證書影本
- 預註冊費用(單期500€，三期1,500€)

至於學費，依據2019年藍帶官方網站資料，以料理課程為例，三期共需花費28,850€，約為新台幣100萬元。如果是單獨報名一期三個月的料理課程，為10,600€，約為新台幣39萬元。學費貴得如此驚人，或許才真正是進入藍帶廚藝學校的門檻，但我認為藍帶在教學上的確有很優秀的師資，也許不見得是名廚或M.O.F.，但上課氣氛就如補習班名師一樣有趣。花如此貴的學費進入藍帶這樣的學校，自己一定要拼命學習，回家也拼命練習，才對得起自己的荷包。(課程費用易有變動，請依藍帶官網為主)

如何線上報名

官網預設是法文版，如果選擇繁體中文，目前只能看到高雄藍帶的資訊，所以建議先選擇英文版瀏覽模式。選單的「APPLY」就是申請註冊，接下來的畫面可以選擇校區所屬的國家與城市，點選「Paris, France」畫面會列出法國巴黎校區的所有課程，以料理課程為例點選「cuisine」，將會看到料理初級、料理中級、料理高級、料理文憑、高級廚藝大文憑及其他料理課程的介紹，可以分別報名單期課程，單期報名的好處是課程可以不連續，當然學費就可以分開繳。每個單期課程會頒發一張修業認證，而集滿三張修業認證，一樣可以得到一張藍帶料理文憑。

一次報名三期課程的料理文憑，好處是學費會便宜一點，在台灣申請長期學生簽證也可一次申請一年。同理可推，三張甜點修業認證可以得到一張藍帶甜點文憑；而取得料理文憑與甜點文憑，也就是修完六期課，就

可以得到一張高級廚藝大文憑。

　　以註冊料理文憑課程為例：點選「The Cuisine Diploma」後可看到好幾個不同日期的梯次及學費，一般正常連續的上課期程

為9個月畢業，有些梯次混合了密集班課程的安排，則可以6個月畢業。如果你只是想查詢學費，看到這裡就好，如果確定要報名，可以按「ADD TO SCHOOLBAG」把它

點選法國巴黎校區課程

點選料理課程

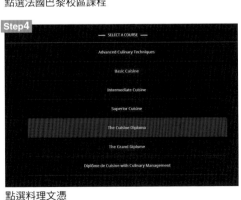

點選料理文憑

書包內容與上課時間

加到購物書包，下一步按「PROCEED TO CHECKOUT」就會開始進入付費流程。

付費前系統會再一次確認你所選的課程、日期和費用，詳細閱讀聲明事項後，在下面填寫電子郵件帳號和設定密碼便正式進入申請。一旦這個帳號註冊了，即便後面的流程沒跑完，系統也會自動發信提醒你報名或繳費尚未完成。往下進行的是個人資料的填寫，包括護照及簽證資料的填寫(簽證可以先不填)，以及一些簡單的問答。額外有一欄需用心準備的是「動機信」，可以用英文或法文寫，字數不可超過500字，直接貼文字上去，或是上傳doc、pdf或txt檔。至於預註冊費用的付款方式，用信用卡線上刷卡是被接受的。

請留學代辦報名

不想花時間在這些報名手續上的人，可以直接找遊學中心代辦，通常服務不錯而且完全免費，把手續及語言的問題交給專業的人，心裡也比較安心。只要備妥底下資料給代辦中心就可以報名了。

1. 住家地址及電話
2. 緊急連絡人姓名、電話及地址
3. 健康狀況
4. 付費方式：信用卡或匯款
5. 護照有照片那頁，傳真給代辦中心
6. 學習計畫(等於是動機信，代辦中心會提供英文範本參考)

這些和線上報名的資料是差不多的，從代辦中心給的藍帶報名表，可以得知藍帶的銀行帳戶資訊，帶著這張單子到銀行買一張預註冊費用的匯票，由銀行匯到法國去。接著在報名表上簽名，連同這張匯票的水單，以及三張證件照寄給代辦中心，

就可以在家等消息啦！

完成預註冊後大約等候2～3週，就可以收到藍帶寄來的信件，包括：

1. 受理報名通知書

(lettre d'admissibilité de Cordon Bleu Paris)

2. 學費支付表

(formulaire de réglement des frais de scolarite)

3. 藍帶長達8頁的註冊說明及報名規章

項目2寫著你的總學費、已預註冊之匯款金額，以及你應繳之餘額。依據藍帶的報名規章，餘額最晚應提前於開課日之六週前繳清。如果你急著辦長期學生簽證，就要先把餘額繳清，繳清約一週後，便會收到藍帶的「attestation d'inscription de Cordon Bleu Paris」，也就是註冊證明，以此證明就可以到法國教育中心辦長期學生簽證。

實用法語單字	
Inscription	註冊
Diplôme	文憑
Sommellerie	酒務

▶ 圓夢前的磨練 1

餐廳打工，面臨人生第一次被fire

餐廳打工，是我前進藍帶的一項行前準備，目的是希望去法國學料理前，能在台灣的餐廳先被磨練過。我打工的餐廳是台南的一家西餐廳，當初就是因為覺得好吃才去那裡打工的，很慶幸遇到好主廚在面試時肯定我對學料理的熱情，老闆娘甚至記得我就是那位聖誕節特地來外帶西餐的客人，因為這麼嘴饞的饕客實在不多。

在這個廚房裡，工作區分成5區：主爐台、烤台、魚肉處理區、擺盤的菜台與出菜口，後面2個帶有「菜」字的就是給我這種最菜的新手站的。客人的點單經由機器列印出來，菜口要負責去拿單，將一聯交給備料區廚師，另一聯由自己控管，然後開始準備前菜，20秒左右要完成。前菜出去，馬上要烤麵包、擺沙拉及打湯，撒上濃湯與清湯各自搭配的小東西(起司粉、麵包丁、淡菜、荷蘭芹、鮮奶油) 2分鐘內交給外場，回過頭再通報作主菜的主廚可以預備了。

而當主廚要作主菜時，菜口要到菜台擺出各種排餐對應的不同餐盤，並把對應的配菜準備好，然後在主菜盛盤後插上對應的盤飾。這些都要背起來，真可以說是速度與熟練度的考驗，尤其遇到客人同時進來時，廚房真是恐怖的戰場啊！

餐廳戰場成了我最佳的磨練

當客人在外面享受法式的氣氛，舒服地聊天等待餐點時，我在廚房裡是連跑帶衝地忙著：「3桌走沙拉！」「10桌走大盤了！沙碧要給4支嗎？」「麵包快烤焦了！湯還沒打」「給我3個麵盤、2個方盤！」「外場奶油不夠了！」忙這些的同時還要兼顧洗碗機旁堆了幾百個的碗盤，找到空檔就要趕快洗起來，每件事都要用最快速度完成，光努力還不夠，要熟練！就連洗碗也一樣。

這份工作，作一個月後就遇到西餐課的開課時間了，週末的課程使我無法配合餐廳上班，另一方面也由於工作表現並不好，我就被fire了！哇～人生中第一次被開除，果然隔行如隔山。雖然早就做過心理建設，知道進廚房工作不會太順利，但我沒想到第一次挫敗竟不是發生在法國，而是在台灣就發生。儘管如此，我還是愛廚房，還是愛整天浸在奶油香裡。

打工學到的事，後來在西餐課幫了我很多，廚房裡的術語、香料和食材的名稱及處理食材的技巧，都讓我更能聽懂老師在講什麼。這是我努力學到的事，儘管學得不夠快，做得不夠好，但我一定比以前進步了。後來我讀了《飢餓主廚》(作者是約翰‧德魯奇)一書後，看到作者所遭遇到的廚房是如何地嚴格，更讓我心裡釋懷了，未來在法國等著我的，也許是一間比一間更像地獄戰場和魔鬼主廚的廚房，但有一點我確信的是，那裡一定有美味的料理和迷人的飯菜香。

▶圓夢前的磨練 2

西餐丙級課程：藍帶的前哨站

　　學廚藝並非得到法國才能開始，國內也有很多有用的西餐課程和好的師資，因此在前往法國前，我報了高雄餐旅大學的西餐丙級課程，開始利用週休二日，進行為期近三個月的西餐丙級特訓。西餐丙級的考試菜色共有60道，除了術科的實作考試外，也有學科測驗。

　　課程進行的方式是：早上三小時由老師在教室作示範課，一道考題包括4道菜，老師示範時，我們可以邊看邊專心做筆記，

這點與藍帶的上課方式幾乎一模一樣。到了下午的實作課，大家開始著裝進廚房，以三人為一個小組分工完成這4道菜。幸虧有了餐廳打工的經驗，領到廚師服時，還不至於不知道鈕扣要扣左邊還是右邊。和我同組的，一位是餐旅大學的大四女生，另一位則已經在日本料理店工作，算起來我只能算是個外行呢！巧的是，我的組員中就有跟我志向相同，要到藍帶學廚藝的人。

1

❶丙級課程的洋菇煎豬排附橄欖形胡蘿蔔，把刀工練好到法國絕對有幫助 ❷在西餐丙級的同袍戰友 ❸課程最終的模擬考，4小時內獨立完全8盤菜 ❹斐杭狄所教一種與英式米布丁相近的甜點 ❺終於有一件體面的廚師袍了，正式進入學習西餐的領域 ❻藍帶初級第2課的貝西鰈魚，與丙級課程的魚料理有著一樣的基本功

4   6

1

學費不包含制服和刀具，因此要自行購買；食材則是已經包含在學費裡了，所以不需要另外交錢，每次上課都會有助教幫各組把材料準備好。完成的作品，可以當場與同學們享用，也可以用保鮮盒帶回家吃，熟悉這樣的模式，也讓我後來到藍帶有一種安全感。

術科之外，老師也花時間教我們西餐基本的14種烹調法，同時，也多虧了西餐丙級必考的衛生講習學科測驗，讓我日後在法國的斐杭狄CAP課程中，可以更容易理解法文的上課內容，諸如食物營養學、衛生保健、食品安全及微生物認知等，都是法國的CAP國家考試中會出現的考題。

這一番西餐丙級的特訓，對於將來赴法學習相當有幫助，歷經藍帶和斐杭狄的洗禮後，我把西餐丙級考試菜色，與在法國的所學做一個連結，許多觀念都是相同的，在烹調法上也都大同小異。這麼一說，赴法學習的必要性是什麼呢？重點在「地域」。同一種蔬菜，在法國的與在台灣的就會有不一樣的味道；因應法國人所做的調味，與在台灣所作的調味也會有所不同，這就是道地與否的差別。了解法式

❶老師教學認真，加上同袍的革命情感，讓大家取得課程證書時興奮不已 ❷藍帶初級課程的法式經典菜色——勃根地紅酒燉牛肉

2

料理在法國當地的情況，人們對料理的態度與反應，飲食環境及習慣的差別，就是赴法學習的意義所在。當然更別說那些當地才吃的到的傳統地方菜色，以及接近這個文化的源頭和大師的目的。

回想在西餐丙級課程的這一切，這裡有很大的廚房，無語言障礙的中文教學，好相處的台灣同學，如果是到法國藍帶，我可能光是語言問題，皮就要繃緊十倍吧！事實證明，到了法國後的確是如此。

西餐丙級與赴法學廚藝的相關性

西餐丙級考試菜色	法國廚藝學校教學菜色
301A-1煎法國吐司	斐杭狄料理CAP課程有教
301A-3匈牙利牛肉湯	在藍帶與斐杭狄第1週都是先教湯
301A-4奶油洋菇鱸魚排附香芹馬鈴薯	殺魚和魚高湯的烹調與藍帶初級第2課、斐杭狄第6週的課程相關
301B-2熬骨肉汁	熬褐色高湯是藍帶與斐杭狄第1週所教的高湯基本功
301B-3洋菇煎豬排附橄欖形胡蘿蔔	根莖類蔬菜的削形為藍帶初級11、21課，斐杭狄第5週技巧
301B-4沙巴翁焗水果	藍帶初級23課類似的菜色
301C-1火腿恩利蛋	藍帶初級第9課，斐杭狄第3週技巧
301C-2鮮蝦盅附考克醬	藍帶初級第15課，斐杭狄第4週技巧
301C-3青豆仁漿湯附麵包丁	打泥式的濃湯在藍帶初級第7課，斐杭狄第5週教
301D-2蔬菜絲清湯	澄清湯的技巧在藍帶初級第8課，斐杭狄第9週教
301D-3紅酒燴牛肉附奶油雞蛋麵	燴牛肉是藍帶初級第17課，斐杭狄第5週教的技巧
301D-4香草餡奶油泡芙	斐杭狄第1堂甜點加強課
301E-2雞肉清湯附蔬菜小丁	藍帶初級第8課，斐杭狄第9週技巧
301E-3佛羅倫斯雞胸附青豆飯	殺雞和飯的烹調與藍帶初級第3課、斐杭狄第6週的課程相關
301E-4巧克力慕斯	藍帶初級第28課，斐杭狄第6週技巧
302A-1炒蛋附脆培根及番茄	藍帶初級第6課，斐杭狄第7週技巧
302A-3蒜苗馬鈴薯冷湯	在藍帶與斐杭狄湯的基本功
302A-4原汁烤雞附煎烤馬鈴薯	藍帶初級第9課，斐杭狄第2週技巧
302B-2尼耍沙拉	斐杭狄第10週菜色
302B-3奶油青花菜濃湯	打泥式的濃湯在藍帶初級第8課，斐杭狄第6週應用
302B-4乳酪奶油焗鱸魚排附水煮馬鈴薯	殺魚和魚高湯的烹調與藍帶初級第2課、斐杭狄第6週的課程相關
302C-4蛋黃醬通心麵沙拉	美乃滋的作法與藍帶初級第14課、斐杭狄第2週的課程相關
302C-4焦糖布丁	斐杭狄第3週菜色
302D-2奶油洋菇濃湯	藍帶初級第8課，斐杭狄第6週技巧
302D-3匈牙利燴牛肉附奶油飯	藍帶初級第23課，斐杭狄第5週技巧
302E-3白酒燴雞附瑞士麵疙瘩	燴雞與藍帶初級第3課、斐杭狄第6週的課程相關
302E-4炸蘋果圈	炸糊與藍帶初級第18課、斐杭狄第5週的課程相關
303A-4藍帶豬排附炸圓柱形馬鈴薯泥	炸馬鈴薯泥在藍帶初級第24課應用到
303B-4煎鱸魚附奶油馬鈴薯	麵托煎魚是藍帶初級第14課，斐杭狄第5週技巧
303C-4英式米布丁附香草醬	斐杭狄第14週有類似的米甜點
303D-4炸麵糊鮭魚條附塔塔醬	炸糊與藍帶初級第18課、斐杭狄第5週的課程相關
303E-3法式焗洋蔥湯	藍帶初級第8課一模一樣菜色
303E-4羅宋炒牛肉附菠菜麵疙瘩	麵疙瘩的技巧在藍帶初級第29課應用

※法國廚藝課程以藍帶料理初級和斐杭狄CAP班為例

出發了，該帶些什麼東西去

除了一般出國該準備的證件之外，為了省留法的生活費，我們從台灣買了好多生活用品帶來法國，直到對法國熟悉之後，才知道很多東西在法國價錢是差不多的，甚至更便宜。就以盥洗用具來說，幾乎所有物品都可以在法國的超市賣場買，唯有牙膏和牙刷是必須放進行李的，因為初抵法國很有機會暫住旅館，而旅館可不提供這些的。另外，帶幾個塑膠袋，剛到法國的一、二天內可以來分類換洗衣物或以備不時之需，省得到時為了塑膠袋特地找超市。而棉被和枕頭，入住學生宿舍或租屋處之後再到大賣場採購即可，通常台幣不超過1,000元就可買到足夠過冬的棉被了，法國的房子都是有暖氣的，因此這點倒是不必擔心。

台式電器轉法式插座的轉接頭絕對是必備的，雖然法國也有賣，但價錢是台灣的好幾倍，建議還是從台灣多帶幾個吧，否則第一天手機、相機想充電就沒輒了。但我並不鼓勵帶台灣電器到法國，即便使用了轉接頭或是調整電壓為220V，電器到了國外有時就是有「水土不服」的情況，我個人在法國一年的期間，就壞了一台筆記型電腦、一支手機、一根電湯匙和一台吹風機，雖然這可能是少數案例，但它的確發生了。

廚房用品方面，大部分廚具在法國當然都買的到，有些歐洲品牌甚至比台灣便宜許多，如Le Creuset、Staub、Tafel；但如果你鍾愛日本刀，就要從台灣購買帶來法國，因為在法國這可是比較貴的「舶來品」呢！需注意的是：在法國租屋，廚房爐台大都配備平板電爐，瓦斯爐是很少見的，所以如果要從台灣帶鍋具，記得必須是平底的。砧板雖然法國買的到，但價格不斐，建議還是從台灣買一個輕便型的吧！此外，天天吃法國麵包和Pizza是會讓人很膩

1

❶輕便的台式電器轉法式插座的轉接頭，參考售價：台幣60～80元 ❷普瓦捷(Poitiers)的跳蚤市場，大自電視、沙發，小至湯匙、T恤都有賣 ❸法國一般租屋廚房配備的平板電爐，通常直徑為15公分，6段火力

的，幾種在法國買不到的台灣調味料及食品，可以從台灣帶去，尤其不住在巴黎的朋友更是要多備點台灣特產，在法國吃到親手作的台灣味，可是對留學生的思鄉病有很大的慰藉的！而且，在法國留學，「以料理會友」是很常見的事，如果會作幾道台灣菜，不但容易與異國學生交朋友，也會讓法國人樂於來你的住處串門子。

特別注意若有近視，一定要從台灣帶眼鏡到法國，甚至多一副備用的眼鏡。在法國有錢還不見得能配眼鏡，配眼鏡是需要眼科醫師證明的，就連想買個拋棄式隱形眼鏡也一樣，而看眼科我曾聽說過預約排隊到好幾個月後的，誇張吧！至於書，如果是法文的，當然來法國買才划算；而自修的文法書或旅遊法語書，就從台灣帶幾本來法國吧，會有機會派上用場的。學廚藝的學生我推薦這一本料理辭典：
■《餐飲英漢辭典》(ISBN 978-957-11-5646-0)：不但有法文詞彙，也包含英、義、西、德、非等四十國詞彙，小本卻很受用。

另外，藍帶學生我推薦以下二本書籍：
■《廚房經典技巧》(ISBN 9789570410761)
■《大廚聖經》(ISBN 978-957-0410-64-8)

這兩本中文書在藍帶學校也有販賣，藍帶學生9折，但台灣的書局常常有7折，何樂而不買呢？可惜的是這兩本書註解的是英文詞彙，而非法文詞彙。

記得還沒來法國時，聽聞人家說在法國仿冒是被嚴格禁止的，所以如果穿仿冒被抓到，可是非常嚴重的事，為此我曾很擔心所攜帶的衣物會不會有仿冒的可能。實際上並沒那麼駭人聽聞，法國的菜市場有很多超便宜衣服，一看都很像某某品牌，

3

這不是跟台灣的夜市一樣嗎？年青人也盛行從網路下載軟體，地鐵也有人販賣著便宜電影光碟，並非法國就神聖不可侵犯。許多廚藝學生會特地從台灣帶雙幾千元的勃肯安全鞋來，但我那雙350元廚房防滑鞋，倒也照樣在藍帶的廚房裡穿梭自如，沒有人質疑過(當然，安全性還是要顧啦！)所以囉，衣著的部分，想帶什麼來就帶什麼囉！懶得帶的人，來法國的H&M也可以買到平價的衣服；或者，利用每年二次的換季折扣(1月和6月)和跳蚤市場，都可以撿到相當多的便宜！我曾在普瓦捷(Poitiers)的跳蚤市場買過「秤重」的羊毛衣，一件才台幣80元。

我列出一張在法國生活所需用品的清單(P.38～39)，有些一定要從台灣帶，有些則可以來法國再買即可，提供各位參考：

實用法語單字

Sac Plastique	塑膠袋
Adapteur	轉接頭
Plaque Électrique	平板電爐
Marché Aux Puces	跳蚤市場

用品採購清單

種類	項 目	數量	從台灣帶	在法國買
盥洗用具	牙膏	1條	住旅館需要	超市賣場
	牙刷	1支	住旅館需要	超市賣場
	毛巾	1條	較便宜	超市賣場
	刮鬍刀	1支	選擇性購買	超市賣場
	洗面乳	1條	種類較多	超市賣場
	香皂及沐浴乳	1瓶	選擇性購買	超市賣場
	洗髮精	1罐	選擇性購買	超市賣場
	日系保養品,乳液	1組	種類較多	藥妝店
	洗衣刷+洗衣粉	1組	選擇性購買	超市賣場
	衣架	1組	選擇性購買	超市賣場
	面紙	1包	選擇性購買	超市賣場
衣物及鞋褲寢具	拖鞋	1雙	較便宜	超市賣場
	運動鞋	1雙	選擇性購買	鞋店
	晚宴皮鞋或高跟鞋	1雙	選擇性購買	鞋店
	登山鞋或雪靴	1雙	選擇性購買	鞋店
	廚房防滑安全鞋	1雙	法國外省不易買	巴黎廚具街
	襪子	5雙	較便宜	超市賣場
	內衣+內褲	5套	較便宜	超市賣場
	夏天衣物	數件	選擇性購買	超市賣場
	短褲	1件	較便宜	超市賣場
	牛仔褲	1件	選擇性購買	超市賣場
	西裝褲	1件	較便宜	超市賣場
	長袖襯衫	2件	較便宜	超市賣場
	西裝外套+領帶	1組	較便宜	超市賣場
	毛衣	2件	選擇性購買	超市賣場
	大外套+雪衣	1件	選擇性購買	超市賣場
	帽子+手套	1組	選擇性購買	超市賣場
	棉被+枕頭	1組	選擇性購買	超市賣場
	塑膠袋	數個	初抵法需要	超市賣場
日常用品	眼鏡	1副	法國配眼鏡大不易	眼鏡行
	隱形眼鏡	1副	法國配眼鏡大不易	眼鏡行
	隱形眼鏡(拋棄式)	數副	法國需醫師證明	眼鏡行
	隱形眼鏡保養液	1組	選擇性購買	藥妝店
	英文視力驗光報告	1張	法國配眼鏡很貴	超市賣場
	耳掏+指甲剪	1組	較便宜	超市賣場
	剪刀+針線包	1組	較便宜	超市賣場
	醫藥箱(外傷急救,止痛藥,止瀉藥,感冒藥)	1組	綠油精和胃散台灣才有	藥妝店
	五金工具(起子+鉗子)	1組	較便宜	超市賣場
	零錢包+皮夾	1個	初抵法需要	超市賣場
	側背包	1個	初抵法需要	超市賣場
	雨具	1組	較便宜	超市賣場
	購物袋	1個	選擇性購買	超市賣場
廚房用品	筷子	1副	法國外省不易買	少數亞洲超市
	火鍋撈杓	1支	法國外省不易買	少數亞洲超市
	碗+盤+湯匙	1組	選擇性購買	超市賣場
	濾水壺+濾心	1組	選擇性購買	超市賣場
	馬克杯	1個	選擇性購買	超市賣場
	各種大小食物密封盒	1組	較便宜	超市賣場
	圍裙	1件	較便宜	超市賣場
	輕便砧板+主廚刀	1組	較便宜	超市賣場
	炒鍋+鍋鏟組+湯鍋	1組	選擇性購買	超市賣場
	中式炒鍋	1個	選擇性購買	少數超市賣場
	酒類開瓶器	1個	選擇性購買	超市賣場
	開罐器	1個	選擇性購買	超市賣場
	絕緣電氣膠帶	數個	刀具作記號用	超市賣場

種類	項 目	數量	從台灣帶	在法國買
台灣名產	大茂黑瓜	數罐	法國買不到	絕無僅有
	肉鬆	數罐	法國買不到	絕無僅有
	維力炸醬麵醬	數包	法國買不到	絕無僅有
	五香粉	1罐	法國買不到	少數亞洲超市
	珍珠粉圓	數包	法國買不到	絕無僅有
	泡麵	數包	法國很少	少數亞洲超市
	弗蒙特咖哩塊	數盒	法國買不到	少數亞洲超市
	滷肉包	數包	法國買不到	少數亞洲超市
	藥燉包	數包	法國外省不易買	少數亞洲超市
	太白粉	數包	法國外省不易買	少數亞洲超市
	地瓜粉	數包	法國外省不易買	少數亞洲超市
	日式調味料(哇沙米,七味粉)	數包	選擇性購買	少數亞洲超市
書	中文的法語學習書+CD	數本	法國買不到繁體版	書局
	旅遊書	數本	法國買不到繁體版	書局
	料理書	數本	法國買不到繁體版	書局
	料理辭典	1本	法國買不到繁體版	書局
	法漢辭典	1本	法國買不到繁體版	書局
3C電器	筆記型電腦	1組	法國沒有中文鍵盤	3C量販店
	空白光碟	數組	較便宜	3C量販店
	墨水匣	數組	較便宜	3C量販店
	手機+充電器	1組	選擇性購買	3C量販店
	法漢電子辭典	1台	法國買不到	亞洲的電腦商場
	插座轉接頭(非變壓器)	5個	較便宜	3C量販店
	延長線	1條	選擇性購買	3C量販店
	隨身碟	1個	選擇性購買	3C量販店
	手電筒、電池	1支	初抵法需要	3C量販店
	相機組	1組	選擇性購買	3C量販店
文件	打工履歷表(法文版)	數份	法國列印不便	複印店
	証件照+電子檔	30張	各類文件需要	快照機器
	國際學生證	1張	備用	
	國際駕照	1張	備用	
文具	原子筆+筆芯	數枝	較便宜	文具店
	修正液	1條	較便宜	文具店
	筆記本	數本	較便宜	文具店
	隨身小筆記本	數本	較便宜	文具店
	2B鉛筆	1枝	較便宜	文具店
	各種大小便條貼	數組	較便宜	文具店

隨行用品檢查表

種類	項 目	數量	是否攜帶	備 註
隨身行李	護照+機票		□是 □否	
	筆	1支	□是 □否	
	現金		□是 □否	台幣、歐元
	信用卡	2張	□是 □否	
	小冊子	1本	□是 □否	記事、寫遊記用
	機場貴賓室使用卡	1張	□是 □否	
	各單位的聯絡方式	1份	□是 □否	航空公司,旅行社,飯店,信用卡
	證件備份	1份	□是 □否	留下重要文件的複本及聯絡方式給家人
	中華民國駐外館處通訊錄	1張	□是 □否	機場大廳索取
	行李箱海關鎖	1組	□是 □否	

展開華麗又窮酸的法國大冒險

La grande aventure en France

沒有夢想就不會有冒險，踏上這個冒險的國度
時，我其實不知道往後會有什麼樣的事發生，我
沒料到會在大雪中走兩小時的路上學，也沒猜到
會被法國人邀請到家中共進晚餐。

我在法國的第一個家：普瓦捷古鎮

哇嗚～法國小鎮的街景、空氣都是新鮮的

終於，歷經16小時的轉機飛行，我們來到法國了！為了前往中部的普瓦捷(Poitiers)小鎮，我們必須再坐1小時又40分鐘的法國子彈列車(TGV)。其實在戴高樂機場(CDG)就有高鐵站可以搭子彈列車到普瓦捷，只是那班次得在機場等上好幾個小時，所以，我們選擇先坐機場巴士到巴黎市區，再從蒙帕拿斯(Montparnasse)車站坐子彈列車去普瓦捷。這樣做的好處，是可以過境巴黎，看看巴黎的街景，呼吸巴黎的空氣。而且，這樣的計畫早在我們還在台灣就安排好了，只要上法國國鐵(SNCF)網站，直接線上刷卡訂好票，法國國鐵公司就會把票寄到台灣來！擔心票寄遺失的人，也可以選擇用電子信箱收電子車票，相當方便。

法國的火車還滿舒服的，座位可以4人面對面，中間有餐桌可以打開，大件的行李可以放門邊的行李架，有些列車甚至在車廂內部也有行李架。車上的廁所不用錢(一般來說，法國公共場所廁所都要花0.5歐元)，車上還有販賣部提供輕食和咖啡。從車站進月台沒有閘門，上車也不用驗票，旅途中查票員才會來查票，所以記得在上車前一定要在車站的黃色打票機打上日期，沒打票被抓到可是要罰錢的。

到了普瓦捷，車站對面有很多小旅館，最便宜的住宿大約是每晚38歐元，還沒租到房子的人可以考慮在這邊住上幾天。特別要注意房型有沒有附浴室，我們曾經在市政府附近住到每晚31歐元的旅館，房間裡沒有浴室，就連想到走廊上找公共浴室都沒有，完全無法洗澡。

古樸的小鎮充滿濃濃人情味是我所愛的

普瓦捷這樣的一個城市，完全符合我原來心中對它的想像，就像它市中心的精神象徵－聖母院(Notre-Dame)一樣，充滿陽光、古城和熱情的人！在法國，到處都有聖母院，就好像台灣的媽祖廟一樣，不只是個教堂，它還是全普瓦捷最熱鬧的地方，幾乎所有公車路線都會經過它，遊客到此拿旅遊資訊，當地人來此辦公、買菜和喝咖啡。市中心的住宅也都很古色古香，街景、教堂、古蹟和法式小館，濃濃的法國味，絕對不比巴黎差。

從聖母院拐過二條街就會來到市政府(Hôtel de Ville)，周圍有春天百貨，法國BNP銀行，匯豐HSBC銀行。不管是銀行的行員或郵局的公務員都很親切且貼心，去找他們辦事時，真的不用緊張，因為他們比我們更緊張！就如同我們在台灣遇到外國人一樣，他們也怕自己英文不好而感到抱歉，於是我們幾乎不用說太多話，用幾個簡單的句型和關鍵字，就足夠表達。有趣的是，不管是郵局或銀行，完全不用號

1 2

3

❶義大利麵(Pâte)和麵餃的種類也比台灣多很多，讓人忍不住想每一種都嘗試 ❷Résidence-Saint-Eloi宿舍雙人套房 ❸把桌椅搬出去陽台，就著陽光和綠意，小鎮的留學生活也可以很愜意

❹冬天也會有下雪的時候唷 ❺TGV火車的頭等車廂座位 ❻市場好吃的烤雞，通常抹了小茴香(cumin)和綜合香料

4

5

6

④穿越普瓦捷的克隆河(Le Clain) ⑤普瓦捷市中心地標－市政府 ⑥普瓦捷市的市公車 ⑦普瓦捷市中心地標——聖母院

❶Résidence-Saint-Eloi宿舍門前公園的秋天景色 ❷街上隨處可見古蹟，猶如鹿港小鎮或安平老街 ❸從Résidence-Saint-Eloi宿舍走路上學沿途經過的油菜花田

碼牌，民眾一進來就很自動的排成一列，幸好小鎮辦事的人不多，要是在台灣可能就排到外面大馬路了。

　　普瓦捷大學法語中心的學生，享有和其他法國學生一樣的福利，我們有臨時學生證，有電子信箱和校內無線網路帳號，也能夠申請住宿。須注意的是，法國的大學宿舍並不是由學校管理的，而是由全國性的「大學生活服務中心」(簡稱CROUS)統籌，而9月分的班級在4月分即是申請住宿的最後期限，因此，必須密切注意CROUS官網的相關訊息。如果不幸沒申請到，還有一招：每天親自跑到學校裡的CROUS辦事處詢問，我和幾位台灣朋友都是在詢問的第一天就取得住宿。申請成功後，必須馬上去銀行開戶，取得銀行帳號(簡稱RIB)，然後拿著RIB回去CROUS才能完成辦理手續，並取得房間鑰匙入住。別忘了事後向銀行或自行上網買房屋保險，這在法國是必須的，通常一年十幾歐元到幾十歐元，價錢依保險單位和項目而不同。

住宿還可享有補助，真是太棒了！

　　在法國，即使你是外國人，只要有合法的住所，並且月收入在800歐元以下，就能申請房屋補助(一般留學生簡稱CAF，但其實是補助機關Caisse d'Allocations Familiales的縮寫)。法國的房間面積是用平方公尺計算，標準單人房通常是9～16平方公尺之間，小於9平方公尺是不合法的住宿環境，因此不能申請房屋補助；而二人合租並想享有雙人房屋補助，就必須面積達16平方公尺以上才行。

　　幾乎所有的租屋都有著相同的標準設備：兩個電爐和一個水槽，在法國這是套房的基

本配備。好一點的房型可能在房間裡會有個小浴廁，再好一點的會有台小冰箱。所有的房間也一定都配備有暖氣，但可能有水暖式或電暖式的差別，一般來說學校宿舍都是水暖式的，依據季節和氣候由校方自動開啟和關閉，不需額外繳電費；在校外租屋則有可能遇到電暖式的暖氣，電暖較耗電，到了冬天可能每月電費支出多了30歐元左右，選擇租屋時要特別注意。

　　我和老婆幸運地申請到學校的雙人宿舍－Résidence-Saint-Eloi，不但有廚房及冰箱，還有獨立的臥房，浴室也特別大，並且有陽台，總面積近30平方公尺，並且享有雙人租屋補助。一般單人套房的房租約為每月150～300歐元不等，扣掉租屋補助後大概只要交100～200歐元，這樣便宜的房租是住在法國外省的最大好處！而我們的雙人套房月租400

歐元，扣掉租屋補助後只剩180歐元，算一算，比分租二間單人房還划算許多。

雙腳萬能！還可沿途欣賞美景

我們的宿舍Résidence-Saint-Eloi雖好，但就是離學校遠了點，坐公車要15分鐘左右。在普瓦捷，公車是最主要的交通工具，如果買套票平均一張是0.5歐元，買月票和年票另外有優惠。本著要勤儉度日、刻苦留學的我們，為了省交通費，於是幾乎都用雙腳走路上下學，每天來回走一個半小時，練出了一雙好腳力。可別以為只有我們這樣哦！這裡多得是健步如飛的法國人，腳力常讓我們台灣留學生驚訝不已。

法國也不是到哪兒東西都貴，只要你不再當觀光客，你就會發現許多便宜的好店。這裡有一間「2€商店」，就像台灣的99賣場一樣，所有商品都賣2歐元，廚刀有2歐元的，24支湯匙2歐元的也有。日常生活用品只要在超市多比比價，也能買到和台灣一樣的價錢。至於衣服，在賣場周邊

❶ 麵包店或三明治店的法國長棍麵包三明治，價位在2.9～6歐元之間，有些地方可以只買半條 ❷ 學生餐廳的自助餐 ❸ 想吃歐姆蛋配火腿的法式早餐嗎？一般是沒有這東西的！可頌麵包抹果醬，加上一杯咖啡，就是法國人最經典的早餐，而且必須在家裡自行準備，因為賣這種早餐的店家在你上學以前還沒開店呢！是的，在法國沒有早餐店 ❹ 巴達維亞生菜(Batavia)是我這二年來吃得最多的蔬菜，每把1歐元，生吃蒜炒兩相宜

通常會有「ZARA」和「H&M」，要是覺得不夠平價也可以到傳統菜市場去買便宜的衣服。而電信方面，購買法國當地電信公司的預付卡(Carte Prépayée)，最低儲值10歐元可以使用3個月。

法國國鐵
http www.oui.sncf
普瓦捷Vitalis公車處
http www.vitalis-poitiers.fr

自己煮訓練廚藝，取代外食的昂貴餐費

多利用學生餐廳，很便宜喔！

選擇大學的法語中心上課還有一項好處：有便宜的學生餐廳(cantine)可以吃！

在普瓦捷大學我們有5間學生餐廳，通常這一類公立大學的學生餐廳每餐只要花3歐元，包含一份主菜、一盤前菜及一盤甜點。主菜的選擇例如：煎牛排、魚排或燉豬肉，配上薯條或蔬菜；前菜最常見到的則為肉凍或沙拉；甜點則為蛋糕、水果或起司。而我

們外語學院的餐廳還另外賣1.6歐元的沙拉(任選四樣菜)，有時為了再省一點，我會只點二樣菜，這樣一餐只要0.8歐元。擔心吃不飽嗎？別忘了，在法國，麵包都是「呷免驚」的，只要嚥得下口，肚子倒不會餓到啦！

外食可能會讓你荷包元氣大傷

有沒有聽過朋友一旦出國留學，就會練就一手好廚藝？沒錯！在國外，由於外食不比台灣方便且便宜，在宿舍自己煮就變成每個留學生必備的技藝了。那麼，到底外食和自己煮的成本差多少呢？抓個平均好了，大概是15歐元和2歐元的差別，真的是差很

① 波爾多產區、勃根地產區及香檳區，這裡沒有什麼酒是你找不到的，就是要會看酒標 ② 超市裡光是酒的貨架就可以成立一個酒窖了

大啊！15歐元是一般咖啡店(Café)或小酒館(Brasserie)點一份餐的價格，這份餐可能是前菜＋主菜，或是主菜＋甜點，飲料通常要另計。如果想把預算縮減到9歐元左右，麥當勞或Quick速食店是不錯的選擇；再不然就是中東口味的沙威瑪(KEBAB)，或是法國長棍麵包三明治，應該可以花5歐元解決一餐。

不管你選擇什麼外食，比起台灣的物價終究是貴的多，所以，何不去逛逛市場，算算自己做菜的成本呢？尤其是來唸廚藝學校的學生，當然不能等到進了廚藝學校才開始練習，現在，從日常生活就要開始鍛鍊基本功！

自煮就來超級市場選食材

首先，就從超級市場(Supermarché)逛起！普瓦捷的超市文化很發達，有家樂福(Carrefour)、歐尚(Auchan)、愛買(Géant et Casino)、MONOPRIX、E・Leclerc、SuperU、LiDL和Leader Price，其中歐尚、愛買和E・Leclerc都比台灣的一般超市規模要大上許多。愛買就在普瓦捷大學旁邊，因此是所有留學生最常去的超市；而歐尚堪稱所有超市中最大且最便宜，雖然地處偏遠，仍有不少學生會特地去大搬家；MONOPRIX則是超市中最貴的一間，但也是提供最好品質的一間，因此許多法國人及貴婦反而是它的常客。不管哪一間，只

要能辦會員卡，建議你就辦一辦，日後可以享有商品折扣及活動優惠。部分超市憑會員卡可使用手持條碼機，用來讀取商品上的條碼，方便查價同時也可快速結帳。

法國什麼比台灣便宜呢？葡萄酒(Vin)、鮮奶(Lait)、起司(Fromage)、奶油(Beurre)、麵包(Pain)、鴨胸(Magret De Canard)、鵝肝(Foie Gras)、魚子醬(Caviar)。在產地法國買它們的葡萄酒，價錢不會比買水貴多少，超市裡的酒區一定擺了琳琅滿目的紅酒、白酒、玫瑰紅酒和香檳任你選擇，價錢從每瓶1歐元起就有，懂酒的人可以依產區、種類慢慢讀它的酒標；不懂酒的可以專挑包裝上寫著得過獎的，不管怎樣一定能挑到不錯的酒回家。

奶製品也由於產地的關係，種類繁多且價格都相對比台灣低許多，其中以起司和優格更甚，常常放眼望去一整個貨架都是各式各樣的起司和優格，價格也多是1歐元起。在法國買法國麵包便宜更是不用說了，超市裡的可頌等機器加工的麵包通常很便宜，長棍麵包更是在1歐元以下，擔心吃不完的人，可以在一般麵包店買「半條」長棍麵包，這在法國是很平常的事，不用不好意思開口。

Les sacs pesés et étiquetés par vos soins peuvent être contrôlés en caisse.
Ces balances sont sous vidéo de surveillance.

Déposer art. encore une fois

TARE kg	NET kg	EUR/kg	EUR
0,002	0,364	1,59	0,58

Retour   Suivant

Cette nouve
reconnaît le

❸超市的蔬果通常有很好的保鮮裝置 ❹蔬果大都到機器自行秤重，選擇符合的種類，就會列印出該分量的價錢貼紙，有些賣場的機器甚至聰明到會影像辨識，不需要你自己按呢 ❺除了昂貴的鱘魚子醬之外，由其他魚卵做成的魚子醬很容易在沙拉區找到，價格也很平實 ❻冷藏櫃裡多到不行的起司種類，連法國人也不能一一細數

鴨胸、鵝肝和魚子醬在法國不難找，購買的經驗多了，就會慢慢懂得什麼樣的品質該是什麼樣的價錢。非鱘魚的魚子醬5歐元就買的到了；肥鵝肝、肥鴨肝和肝醬，在聖誕節時更是會大量鋪貨及促銷，喜歡的人可以趁機大啖一番。買肥肝記得看清楚是完整的生肝，還是半熟成調味好的肝塊，或是肥肝慕斯(慕斯通常是處理肥肝過程中的碎泥塊集合而成，所以價錢也比較便宜)，有些甚至還是混豬肝的，這些都可以從標籤看出來。蔬果在法國價錢不算貴，可惜的是許多亞洲的蔬菜和水果在這裡是看不到的，倒是生菜沙拉的種類很多，半成品沙拉的素材也不少，對於愛吃沙拉的人可以自己變化很多組合。

肉店、魚店是廚藝學生學單字的好地方

　　超市裡肉類算是中上價位的食物，牛肉、小牛肉、小羊肉、豬肉和禽肉都依各個部位作了很清楚的標示，對於學廚藝的學生是很好的採購練習。大型超市裡也會設有肉攤和魚攤，有特殊需求的可以上前詢問作現切的服務。

如果不想在超市裡買，外面也有很多肉店(Boucherie)可以買到新鮮貨，要注意的是Boucherie賣的是牛、羊和禽類，並不賣豬肉，豬肉相關製品如豬肉、香腸和火腿，必須到專門的豬肉店(Charcuterie)購買。

魚貨和海鮮貝類是法國相當貴的食材，這在台灣或許吃得平常，對法國人來說卻是奢侈的好料。想要買便宜的海鮮，從超市的冷凍櫃挑選可能是比較省錢的方式。至於連鎖麵包店如Paul在法國並不特別受青睞，通常只出現在各大車站，供旅客解決止腹之飢，法國人還是比較愛到熟識的獨立麵包甜點店購買。

傳統市場東西新鮮但較貴

許多人以為在傳統市場(Marché)能買到較便宜的食物，錯了！是新鮮、健康但「貴」的食物。超市的優點是集中各類食物，並且價格透明化地展示商品供你挑選，其中不乏加工過多及非當季的食材，因此許多人覺得超市買的東西比較不健康。相對的，傳統市場賣的商品通常是當季的，甚至當天採收、捕捉或屠宰的食材，或者是有機商品。在這裡買的好處是可以和老闆聊天詢問，或許可以殺殺價，但記得東西絕對是一分錢一分貨。須注意傳統市場並不是每天都有的，例如普瓦捷最大的早市在la place de Provence是星期三和星期日才有的。另外，傳統市場裡的現烤烤雞好好吃，是許多留學生的最愛，每隻10歐元左右(看大小決定)，也可只買半隻。

❶傳統市場的海鮮魚攤，通常蝦子都是煮熟的，要買生蝦得到超市冷凍櫃找 ❷超市裡通常設有肉攤，依顧客需求作現切服務 ❸就算是傳統市場的菜販，蔬菜也必定疊得整整齊齊的，大大增加了顧客購買的欲望，也顯示法國人對食物的態度 ❹大型的流動餐車，販賣老闆自己做的起司

最後特別提一下「水」。法國的水原則上是可以生飲的，但因為礦物質含量較高，建議買個濾水壺過濾後再飲用。同時，要飲用的水必須開水龍頭的冷水，因為熱水是處理過的，走的管線也不同，我初到法國時傻傻地常一邊洗澡一邊喝水，覺得這種解放的感覺真棒！後來聽說沒過濾的水，尤其熱水，喝多了是會掉頭髮的，天啊！讀者們可別再重蹈我的覆轍了。

我和台灣同學在學生餐廳點的7.6歐元午餐，右邊我老婆手上是義大利食物Panini，很像用山東大餅做的三明治

實用法語單字

Rayon	超市貨架	Boulangerie	麵包店
Poissonnerie	魚店	Pâtisserie	甜點店

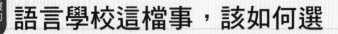
語言學校這檔事，該如何選

普瓦捷大學外語學院法語中心(以下簡稱CFLE)，將法語程度分成7個等級(Niveau)，1代表最初級，7是最高級，每個等級再以15人為一班進行分班，同級的分班並沒有程度上的差異，只是確保人數和教學品質。表一(P.55)是與DELF法語程度A1～C2的對照表，對於目標是法語授課的廚藝學校的同學，心理要有所準備。

原則上，每個等級要讀一學期，學期成績及格者，下學期就自動進級，而成績高於18/20者可以申請跳級，因此，想要拿到B2文憑的人原則上要讀二年半。什麼！二年半也太久了吧，還沒進廚藝學校就要在法國花二年半學法語⋯⋯但仔細想想，這並不過分，外國人來台灣如果想用中文讀大學，恐怕沒學個二年半中文也不行吧！除了有長期留法的打算，否則最好的建議，就是先在台灣把法文唸到A2或B1等級，來法國再從B1或B2開始唸。

B1的課可以學到什麼？

上課時數：每週19小時

上學期教科書：《Le nouveau taxi 3 livre de l'élève》 + 《cahier d'exercices》

每個班級有一位導師及一位口語老師，除了教課本內容，每堂課也發很多講義，所學習的字彙包羅萬象，文法上到Conditionnel passé，聽力的要求大約是聽懂收音機和電視的速度。至於考試方式和配分見表二(P.55)

B1下學期每個班級有4位老師，課程有聽力、口語、文學、文法、寫作、閱讀、法國文化和專題。上課以堂課發的講義為主，教科書只是輔助而已了，但每天的回家作業都非常多。文法除了passé simple沒教以外，所有的時態和動詞變位全教了！聽力大多是新聞的字彙和速度。考試方式

❶嘉年華會小鎮居民的踩街遊行 ❷與學校裡認識的大學生一起玩馬賽球 ❸聽力教室一人一機，空間寬敞 ❹Niveau 3二班學生的活動合照

交朋友的基礎會話；寫作文的論述結構，可以應用在未來申請學校或實習的動機信；而連接詞和慣用語，強化了與人溝通時能更精確地表達其情境。另外，學校多媒體教室有位老師，專門負責學生借閱聽力課程音檔，不只可以跟他預約作輔導，也可以純粹練口語「閒聊」！我曾找她聊超級市場、生活經驗和我的法文專題，尤其在我將去斐杭狄廚藝學校面試時，就請她模擬面試官訓練我的口語，實在是幫助我很大的一位輔導老師。

和配分見表三(P.55)。

　　學校上的法語課程，也許不是直接對學廚藝有幫助，但一學年的語言學校生活，的確扮演適應法國的重要角色。學校課程內容的設計，也符合外國學生的需要，常常作的自我介紹成了日後面試廚藝學校或

❶ 嘉年華會小鎮居民的踩街遊行 ❷ 在華人所創的社團，與法國人打麻將 ❸ 如果沒有超市商品目錄，也可以上超市官網看圖學單字，圖為Auchan超市的線上目錄http://www.auchan.fr ❹ 我與輔導老師Hélène

　　身在法國，即便不在學校也到處都可以學法語，路上的法國人就是你練口語的對象，超市的商品目錄是最實用的料理單字書，如果可以的話，買一台有字幕的電視對法語學習也相當有幫助。我常看的節目有Top Chef、Master Chef se met à table、Un dîner presque parfait、planète gourmande、A vos recettes及A vos régions，這些都是美食節目或料理比賽；另外如Scéne de ménage家庭短劇，可以學到很多日常俚語；新聞台的氣象報告反而是難度最高的，講的又快又難，所幸每半小時或1小時就重播一次，聽不懂可以多聽幾遍。

　　另外，加入社團也是製造機會與法國人聊天的好方法，法國不論校內外的社團，統一都收10歐元的年費，相當便宜。如果有機會打工，不但可補貼一點生活費，更是對法語學習最好的實踐。運氣好找到家庭寄宿的話，可以整天住在法國人的家庭裡，學習當然又更有成效！而且不只生活費，連房租都省下來了，堪稱最融入的全法語環境學習。

總之，在外面要不斷的說法文，回到家也要勤查字典、背單字及讀文法，法國人不見得會時時糾正你錯誤的句子，因此走出去練習和在家自修都是必要的。多在法文上下功夫，將來到廚藝學校就多吸收一點功夫。

位在巴黎近郊的世界最大市場Ringis也有線上目錄，可以看圖學單字 (http www.mon-marche.fr)

實用法語單字

Oral	口語
Entretien	面試
Gourmande	美食的
Concours	比賽
C.V.(Curriculum Vitae)	履歷表
Lettre de motivation	動機信
Recette	食譜
Météo	氣象
Association	社團
Pétanque	馬賽球

表一：DELF法語程度A1～C2對照表

CFLE	DELF Diplômé
Niveau 1	diplômé d'université d'études françaises A1
Niveau 2	diplômé d'université d'études françaises A2
Niveau 3	diplômé d'université d'études françaises B1 - 1ère partie
Niveau 4	diplômé d'université d'études françaises B1 - 2me partie
Niveau 5	diplômé d'université d'études françaises B2
Niveau 6	diplômé d'université d'études françaises C1
Niveau 7	diplômé d'université d'études françaises C2

表二：CFLE的Niveau 3考試方式和配分(上學期)

	占比	期中考	期末考
Expression écrite	20	作文2小時	作文2小時
Expression oral	20	口試15分鐘(自我介紹＋情境對話)	口試20分鐘(現場抽題申論)
Compréhension écrite	20	閱讀筆試2小時	閱讀筆試2小時
Compréhension oral	20	聽力筆試1小時，可重複聽	聽力筆試1小時，可重複聽

表三：CFLE的Niveau 3考試方式和配分(下學期)

	占比	期中考	期末考
Compréhension écrite	20	閱讀筆試2小時	閱讀筆試2小時
Compréhension oral	20	聽力筆試1小時，只聽3遍	聽力筆試1小時，只聽3遍
Expression écrite	30	作文2小時	作文2小時
Expression oral	20	不考	20分鐘現場抽題申論口試
Grammaire	10	筆試2小時	筆試2小時
Civilisation(法國文化)	20	筆試2小時	40分鐘現場抽題口試
Lecture de nouvelles(法國文學小說)	20	筆試2小時	20分鐘現場抽題口試
présentation d'un dossier(專題寫作)	20	不考	交一本專題

別忘了融入法國人生活

如何與法國人交朋友

與法國人主動攀談

法國人愛說Bonjour的個性,最初會讓人覺得交朋友很容易,但一走進校園,你會突然發現人們不再常說Bonjour了,怎麼了呢?原來是族群變了。市區遇到的多是人生閱歷豐富、包容力強的中老年人,他們樂於跟外國人攀談,尤其是一臉茫然需要幫助的亞洲人;校園裡則年輕人居多,他們有自己的朋友群,通常不諳英語,更別說亞洲語言了,因此面對亞洲人,其實是有點緊張的。你要先主動上前交談,展現你的法語能力,他們才會卸下心防,開始滔滔不絕地跟你聊起來。

語言交換是學法語很好的方式

在大學唸語言學校,由於也會接觸一般法國大學生,因此在公布欄常常可以看到語言交換的小廣告,如果運氣好看到中文對法文的交換,趕緊把聯絡方式抄起來,可以賺到一個交換語言又結交法國朋友的

機會唷！但是，女孩子還是要小心交友，不少例子發現語言交換的法國人動機並不單純。

跑趴可是必要交流，啤酒零食跑不了

法國人對於年輕人開派對吵鬧的容忍度很高，以普瓦捷來說，每個星期四晚上是不成文的派對時間，不管是學校宿舍或市區，總是可以看到年輕人聚集在某某人家，大聲放音樂，高興吵鬧著。語言學校裡的外國學生當然也入境隨俗舉辦這樣的聚會，最常見的是一人一道家鄉菜為主題。由於來自不同國家，只剩法語是共通語言了，因此和同學的聚會是很好的法文練習時間。

偶爾也會有機會參加純法國大學生的聚會，這種聚會是一種可怕又強迫的法文學習，他們不再慢條斯里跟你一對一會話，而是一群人七嘴八舌鬧哄哄的玩要，如果沒有跟上大家聊天的節奏，可是會格格不入的唷！另外，這一類聚會一定少不了煙和酒，反倒鮮少吃東西，所以前往聚會前，記得一定要買酒帶去，而且啤酒比紅酒更適合。你以為法國人一定喝紅酒嗎？年輕人會告訴你紅酒是吃飯佐餐喝的，聚會喝啤酒才是王道！

抱著法國麵包站在市場前與人聊天，在咖啡館的短暫會面，在你融入法國的生活時，你會發現此刻終於開始為夢想而活。

實用法語單字

Soirée	晚會派對
Bière	啤酒
Vin rouge	紅酒
Champagne	香檳
Mis en bouches	開胃小菜

❶在斐杭狄的同學家辦的派對 ❷與藍帶同學在酒吧前課後小聚 ❸愛辦聚會的法國人，在國慶日當天索性在鐵塔前野餐一整天，喝酒唱歌等煙火 ❹在語言中心公布欄可以自行張貼尋找語言交換的廣告 ❺在普瓦捷的宿舍裡找同學來聚會，甚至可以向舍監借桌椅呢

到法國人家作客，真是件幸福的事

別忘了吃飯時間較晚才開始

法國人的早餐和午餐都是草草解決，早餐站在酒吧喝杯咖啡，配個可頌麵包就沒了；午餐前菜＋主菜，或主菜＋甜點，也是一小時內用餐完畢。但說到晚餐，那可是一天中最舒服、最享受的一餐，真的會吃上3個小時的。如果你有幸被法國家庭邀請到家中共進晚餐，恭喜你，他們一定是把你當作非常好的朋友！晚餐時間通常在19:30～20:00才開始，如果你不習慣那麼晚吃，可得在出發前自己先吃些點心墊墊肚子。

晚個15分鐘到才不讓主人太匆忙

在台灣，準時抵達主人家是好事，在法國則要遲到15分左右才是好，為什麼呢？因為主人可能還正忙著張羅晚餐，提早到或準時到可是會有點不禮貌的。此外，到人家裡作客哪有不帶禮物的道理呢？帶瓶酒是基本的，如果有季節合宜的禮物就更好了。例如聖誕節和復活節前是送巧克力的季節。

通常衣著無須特別正式，只要不是短褲拖鞋就好。而由於法國室內、外溫差大，大部分家庭的玄關都有掛大衣外套的地方，進門後就把外套交給主人掛起來即可，可別等用餐時才隨手掛在椅背唷！

雖然是約吃飯，但不見得一抵達即到餐桌就定位，主人通常會先帶你參觀他們家，看看他的收藏，好好評鑑一番。用餐前法國人喜歡在戶外喝點開胃酒，如果天氣好，甚至可能整個餐期都在戶外享用呢！一邊喝開胃酒，一邊吃開胃小菜，天南地北隨便聊。

上麵包時，先不要急著吃，麵包之於法國人，就像白飯之於亞洲人一樣，是要配著菜吃的，所以如果你猛吃麵包，就像外

❶我們的友人正將溫熱好的雞胗加入前菜沙拉中 ❷即便庭院不大，也一定要擺一張桌子好用來在戶外喝點小酒、吃點小菜 ❸與法國友人的晚餐 ❹法國家庭通常都有系統式廚房

❸❹

1

國人猛扒白飯一樣。吃前菜是宣告這一餐正式開始，很奇妙的是主人並不會一直在廚房忙進忙出，因為所有的菜該煮的、該烤的都已經事先完成了，主人只要花一點時間熱菜和盛盤，即可出來和賓客「同時用餐」。

酒可能一開始就倒好了，搭配前菜或主菜都可以，雖然法國人吃飯時拼命聊天，嘴巴可是沒停下來唷！記得跟上大家用餐的速度，才不會到最後大家看著你吃，等著下一道菜。特別注意如果主菜是家禽類，一定要等主人服務才可以開動，「我自己來就可以了」可是會喧賓奪主的！

起司和甜點通常是二選一，如果你食量夠大也可以都吃。通常主人會擺出好幾種起司，搭配麵包和紅酒一起吃居多，此外，法國有四百多種起司，會買回家的當然是主人精心挑選的，如果你能針對主人準備的起司在味道上、口感上、添加物和產地多聊聊，主人一定會很開心。而甜點一般多是主人親手作的，當然一定要捧個場並讚美一番。

吃到這裡其實用餐已經結束了，如果要喝咖啡，不一定要坐在餐桌上了，此時就輕鬆地隨便坐，聊聊天讓腸胃休息一下。

由此可見法國人對餐飲的重視，從場地、氣氛、餐具和飲品都講究，即便有些食物是買半成品回來做，也一定漂漂亮亮地擺盤呈現。而且不但喜歡被邀請，更喜歡邀請人，好好盡地主之誼讓賓客盡興。了解這些，就不難理解法式料理為何總是這麼費工夫，餐廳又為何總是需要華麗的裝潢了。

2

❶飯後到沙發喝杯咖啡吧 ❷各種起司及專用的起司盤 ❸友人自製的巧克力蛋糕，和自家院子種的櫻桃和草莓 ❹女主人自製的烤李子水果布丁 ❺塞餡珠雞，記得家禽類主菜一定要等主人服務

3

4

5

到法式餐廳如何點菜，真是一門學問

到一般餐廳吃飯通常要花上10幾歐元

　　法國所有餐廳的標準擺法，不論你喝不喝酒，酒杯和水杯一定是事先擺在桌上。餐巾一定整齊地擺在用餐盤上，一副刀叉則分別放在兩旁。到法式餐廳用餐其實並沒有國內的法式料理那麼多道菜，法國人一般只吃前菜(Entrée)＋主菜(Plat)，或是主菜(Plat)＋甜點(Dessert)，這樣的吃法通常只要十幾歐元左右，貪吃一點的人點前菜＋主菜＋甜點大約是二十幾歐。

　　有些餐廳的菜單在主菜上會再分成肉類(Viande)與魚類(Poisson)，或者把本店招牌菜(Spécialité)獨立出來，而菜單上寫著分享(Partager)的，則是分量特別大，建議顧客多人共用的分享餐。

　　白開水在法國稱為廣口瓶水(Carafe d'eau)，通常是直接從水龍頭轉開的，所以在餐廳裡這是免費的飲用水。而麵包(Pain)更是法國人用餐務必要有的食物，因此也是免費的，有些餐廳甚至在你還沒看菜單時就先送上麵包。記得別一口氣把麵包吃完，法國人是一邊吃菜一邊配著麵包，最後再用麵包把盤子上的醬汁沾抹乾淨地吃下肚。不過，肚子如果真的餓，就不用管那麼多了，畢竟法國餐廳都是晚上八點才營業，對我們來說肚子早餓扁了。

　　在國內，套餐通常附贈一杯飲料，在法國則一定要另外付錢單點。通常侍者在你吃完甜點之後才會過來問是否要咖啡或茶，如果你沒有特別指明哪種咖啡，就是那種小小一杯的濃縮咖啡，運氣好會附顆巧克力，再好一點的餐廳也許會附一口小蛋糕。

再沒有比法式料理更浪漫、更適合燭光晚餐的了，開場的香檳酒、鮮活的前菜、華麗的主菜和馥郁的甜點，宛如情人的擁抱、愛人離別前的吻。

波爾多歌劇院餐廳所附的切片法國麵包和白開水

62

❶法國所有餐廳的標準擺法，不論你喝不喝酒，酒杯和水杯一定是事先擺在桌上。餐巾一定整齊地擺在用餐盤上，一副刀叉則分別放在兩旁 ❷即便是到米其林星級的餐廳，菜單也是依前菜、主菜和甜點這三個部分來條列 ❸有的餐廳提供的是這種小又圓的法國麵包 ❹法國幾乎沒有拿鐵，如果你想要大杯一點的加奶咖啡，建議點咖啡牛奶(Café au lait)或卡布奇諾(Capuccino) ❺高級餐廳通常會有好幾種麵包供客人挑選，圖為米其林一星的Le Quinzième的麵包 ❻蝸牛(Escargot)屬於前菜的一種，如果你點了蝸牛就有機會看到侍者為你準備專吃蝸牛的餐具

2

到高級餐廳吃飯是很好的見習機會

十幾二十歐的套餐雖然已經可以吃到不少法國道地料理，但並不會讓你太驚豔，如果經濟許可的話，建議至少偶爾吃一次高級餐廳，尤其是來法國學廚藝的人，高級餐廳裡的菜色是很好的見習和觀摩機會。

高級的餐廳有時候會在桌上放很漂亮的裝飾盤，裝飾盤的目的是搭配餐廳的整體環境，給客人良好的用餐氣氛，有些則是印上代表餐廳的註冊商標或是圖案，以彰顯高級餐廳的獨特性。一般來説，侍者帶客人到位子上後，比較舒適的椅子或是首先拉出的椅子，是給女士優先坐的，男士要稍等一下。點菜時也是先問女士要吃什麼，再問男士，有趣的是有些餐廳給女士的菜單看不到價格，只有男士的菜單有標價格，這代表吃飯該是男士買單，哈哈！一待客人點完了菜，侍者就會把裝飾盤收走了。

酒是法國人用餐時非常不可或缺的東西，用餐如果少了酒，美味的料理就像缺少了什麼。好一點的餐廳菜單和酒

❶Les Ambassadeurs的甜點漂浮島(L'Ile flottante)，把一般人常吃的蛋白與英式鮮奶油，轉化成如地球儀般的甜點藝術品，這就是法國高級餐廳令人嘆為觀止的地方 ❷在國內麵包幾乎都會伴隨奶油，在法國則沒有，如果遇到有附上奶油或是塗抹的肉醬，算是運氣好的 ❸與電視名人Top Chef的Constant主廚合照

3

1

2

單是分開的，研究菜單時不妨先點一杯開胃酒(Apéritif)來喝再慢慢研究菜色；接下來酒的選擇主要搭配主菜，愛喝酒的人甚至可以點一杯搭配前菜，一杯配起司，一杯配甜點，這也是為什麼法國人用餐可以不配飲料，把咖啡或茶的詢問也擺在吃完甜點之後的原因。當然，也有法國人不喝酒的，這時可以跟侍者點一瓶礦泉水或氣泡水，雖然這種水並不便宜，而且不能免費續瓶，但是還是要點，因為在高級餐廳點白開水是比較不禮貌的。

花上10～15分鐘研究菜單並不算過分，每家餐廳通常有自己的獨門菜，連法國人看菜單也常常看不懂。如果你是到法國學廚藝，更建議你在計畫吃一間高級餐廳前，上該餐廳官網把菜單裡的單字查一查，以免當場亂點一通花了冤枉錢。

台灣高級餐廳用餐的習慣是一開始便擺了幾副刀叉在桌上，由外往內依序使用；在法國則一次只會有一副刀叉在桌上，前菜有前菜的刀叉，主菜有主菜的刀叉，侍者會在上菜前收走前一副刀叉並換上下一副適合的刀叉。

難得吃一次高級餐廳，到底能不能拍照呢？會不會引起其他人的側目？「拍食

❶米其林三星餐廳Paul Bocuse的前菜黑松露酥皮湯(Soupe aux truffes Noires V.G.E.) ❷巴黎宮廷般奢華的米其林一星餐廳Les Ambassadeurs(Hôtel de Crillon) ❸開胃小點(Amuse-bouche)是一種在菜單上不會寫出來，但高級餐廳一定會送的點心，圖為米其林一星的Benoit所送的起司小酥餅 ❹Les Ambassadeurs的金黃小牛胸線佐酥脆栗子與醬燒婆羅門參(Le Ris de Veau doré, croustillant de châtaigne, salsifis glacés au jus)

物」的確是亞洲人獨特的習慣，歐美人用餐時幾乎都不這麼做，然而，由於餐廳越來越多的亞洲人光顧，已經見怪不怪了。現在的侍者上菜時不但很有耐心地等你拍照，通常也願意欣然入鏡，要是你膽子再大一點，甚至可以要求與主廚拍照，甚至要一份主廚簽名的菜單回家。所以，拍吧！一切都是為了學習！

我的逐夢手扎

品味法國美食是這一趟圓夢相當重要的一環，如果有錢，當然要試試米其林餐廳；錢不夠，照樣有很多法式美食探索不完！我常常穿梭在大小餐館中，小酒館裡一份十幾歐元的紅酒燉牛肉、十歐元左右的烤蝸牛、五歐元的可麗餅、三歐元的甜點、一歐元的法國麵包……多吃多看多學習，對於學料理或甜點的人來說，是培養法國味蕾重要的功課。

終於來到夢想之都：巴黎

在法國的租屋
真是比想像中困難

租房子這種經驗，我打從15歲離家求學開始就不斷的上演，先後在台中住過兩處，在台北的10年更是住超過5個地方，加上後來在南部生活過幾年，租屋的經驗可謂豐富，即便如此，法國的租屋問題仍是讓我覺得備感艱辛。因為有語言的障礙，加上網路上租屋廣告少的可憐，還要跨國操作，光是搞清楚房屋的狀況就夠讓人頭大的了。最令人挫折的，就是法國的「保證人」問題。

大部分都需要保證人或銀行擔保

法國的租屋90%都需要「保證人」，這是法律規定。所謂的保證人，就是擔保房客不會付不出房租的人，所以通常都是房客的父母或親屬，而且薪資收入必須是房租的三倍以上。房東或仲介公司會要求提供非常詳細的保證人資料，包括保人基本資料、年收入、職業、公司及甚至公司的聯絡方式，而且基本上保人必須是法國人，這對外國人來說，根本就是宣告別想租屋了！但，就是會有例外，例如：有些房東可以接受你以台灣的親友當保人，但一切所需的資料必須要公證成法文文件，天啊～這並沒有比較簡單！

有些房東可以接受銀行擔保，也就是請法國當地的銀行，凍結你半年或一年的房租總額，避免你沒錢交房租，如此的話，就願意租給你，但銀行會收取大約200歐元的費用。也有一些房東願意讓你用一次繳半年或一年的房租，來換取對你財力的信任。以上兩者，就是一般外國人在法國租屋通常採取的方法，但實際上仍是相當的困難。一方面是這一類的好房東你不知道要上哪兒去找，一方面銀行擔保也有頗多狀況在裡面。因此，怕麻煩的人，可以委託仲介，仲介消息靈通，也許知道少數幾個好房東，畢竟，被收一個月租金當仲介費，好過找不到房子住。

善加利用網路論壇，還是有免擔保的房子

在法國留學的台灣人其實為數不少，其中已經有相當多人找到免擔保的租屋(1～2個月押金還是必須的)，這一類房子通常透過網路論壇的口耳相傳，從搬離的舊生傳承到新生手上。有些法國房東甚至專租台灣人，因為光是透過互相介紹便可以保證房子不閒置了，更何況房東可以省下張貼廣告的費用，何樂而不為。

如果你想要有更多選擇，對岸中國學生同樣也有口耳相傳的好房子可以透過論壇探聽到，不過，要注意他們通常採行一種制度：「舊生必須幫房東找到下一個房客，才可以退回押金。」此外，如果你遇到的是二房東，就沒有文件可以申請房屋補助，這點一定要問清楚。

底下是留法學生最有用的二個中文網站：

1.解悶來法國：台灣人架的論壇。這裡的廣告大多是台灣人當房東，所以比較好商量，但也因此相當搶手。

2.新歐洲社區(戰鬥在法國)：大陸朋友架的論壇，資訊量相當豐富但好壞參差不齊，因此更需要多方打聽清楚。

料，包括CROUS宿舍，據說一旦成交，該網站會向你收仲介費。

3.pap.fr：幾乎都沒有照片，但招租廣告上直接就有房東電話可以打去問，也可以寫簡短訊息作詢問。

4.Atome：提供寄宿法國家庭服務的網站。

5.Colocation.fr：專找合租室友的網站。

中文的租屋網站　　　　　　解悶來法國

畫面擷取自「解悶來法國」網站

新歐洲社區

畫面擷取自「新歐洲社區」網站

有點法文基礎的，可以參考底下幾個租屋網站：

1.leboncoin.fr：操作介面很棒，照片也很方便檢視，找好你要的租屋，點右上方的「envoyer un email」就可以直接寫信給房東了。

2.adele：法國人推薦的網站，註冊帳號時會要你填保證人詳細資料，不註冊帳號好像也可以。這裡面有很多學生宿舍的資

法文的租屋網站　　　　　　leboncoin.fr

畫面擷取自「leboncoin.fr」網站

畫面擷取自「adele」網站

畫面擷取自「pap.fr」網站

巴黎多的是房屋仲介,如果你想找仲介代找租屋,不妨多看看門口張貼的租屋廣告

知道起碼有這幾個站可以搜尋了,接下來就是花時間不停的比較、篩選,這會花時間,而且令你頭昏腦脹,然而,踏實的方式就是如此。把法文字典拿出來,看不懂的單字句子查一查,有興趣的房子就寫e-mail問問吧!平常在學校磨練出來的法文作文能力,現在就是派上用場的時候。如果更有勇氣一點,可以直接打電話跟房東談。信裡面只要簡單表達你的需求,就可以要求約見面看房子了,至於要用什麼方式擔保,建議是見面再談,如果早早就說出自己沒有保證人,恐怕連和房東商量的機會都沒有。

不論你是找CROUS宿舍,或在外租屋,共同要注意的事項就是:

1.打聽好它是否能申請房屋補助。

2.房客須買房屋保險(法國法律規定)及簽水電合約。

3.暖氣設備的差別在冬天會讓你電費差很大,大樓水暖式的,會比私人電暖式的便宜台幣1,000元以上。

租屋法文專有名詞

法文	中文說明	法文	中文說明
Propriétaire	房東	Chauffage collectif	大樓式暖器
Locataire	房客	Ascenseur	電梯
Agent immobilier	房屋仲介	Gardiennage	管理室
Location／A louer	租屋	Séjour／Salon	客廳
Loyer	租金	Cuisinette	迷你廚房
Garantie	保證人／保證金	Frigo／réfrigérateur	冰箱
Dépôt de garantie／charge	管理費	Salle d'eau／Salle de bain／Douche	浴廁
Studio	套房	Meuble	家具
Chambre simple	單人房	Appartement	公寓
Chambre double	雙人房	T1	單間套房
RDC	地面一樓	T1bis	單間套房有隔間
Grenier	頂樓／閣樓	F1	單間套房獨立衛廚

有學生宿舍一定要努力爭取，會省很多

坦白說，在法國租屋真的不容易，如果能申請住學校宿舍最好，一方面，學校不要求保證人或銀行擔保；另一方面，住宿對於練習法語和交朋友分享心情，都有很大的幫助，當然，也較省錢。

申請學校宿舍，首先須注意管理全法學生事務的CROUS組織的網站，網站上有各校舍的申請日期，在日期內儘快寫信申請。如果沒能事先申請到，就只能先來法國住旅館或短租，再天天去學校的CROUS服務台查詢等候補。

另外，找學生宿舍一定要預約。當我們到巴黎找租屋時，曾經憑著一股傻勁勇闖學生宿舍去問租屋，後來發現根本是行不通的，理由如下：

一、大門通常有門禁，想進去找到管理員並不是那麼容易。

二、跟著別人進到宿舍，也可能遇到無人值班，學生宿舍的服務台通常只在07:00～11:00、16:00～19:00才有人值班。

三、有幸堵到管理員，通常也只得到這種回答：「你一定要上網去填資料哦～我們都是依照你的需求，有符合的房間才發通知給你，到現場來是無法幫你查詢什麼的。」

一旦找到合適的租屋，就只要備妥護照或居留證、租金和押金，必要時附上銀行帳號(簡稱RIB)就可以與房東簽約了。法國租屋通常一簽就是3年，與台灣不同的是：在台灣，如果房客在租約年限內提前解約，是會被扣押金的；在法國，提前解約是允許的，

T1bis的廚房設備，其實已經足夠練廚藝了

只要在約定好的前1～2個月作出正式通知，都不用怕押金被吃掉。不過，這另一方面也表示：房東只要提早1～2個月作出解約告知，也可以提前請你搬離的。

為了讓我這一趟圓夢之旅過得精彩，刻意選擇跟在台灣不一樣的生活方式。不住大房子，租一個老舊的、小小的雅房，添購一些跳蚤市場買來的二手家具和杯盤，這樣的家就很法式；不開車，不騎車，學巴黎人租腳踏車，像茱莉蝶兒一樣騎在塞納河邊與法國人說Bonjour，或像艾蜜莉一般在地鐵觀察形形色色的人們；坐咖啡館選擇面向馬路的位子、躺在廣場的草地可以躺到睡著，遇到表演得好的街頭藝人就坐地上欣賞。

跳脫原本在台灣的生活框架，才能體會新的夢想感動。多年後回想起這段日子，起初夢想的感動一定猶記心頭。

租公共自行車，漫遊在浪漫街道

在巴黎，購買地鐵年票一年要花680歐元，只有26歲以下的年輕人享有半價，這也是一筆不小的花費。所幸，地鐵和公車不是唯一的選擇，巴黎的公共自行車，一年的租金只要29歐元，相較之下便宜很多。學會租自行車，就算你不打算拿它來

當通勤工具，也能當作是一種休閒，一天1.7歐元，是假日不錯的觀光方式。此外，公共自行車也不是巴黎所獨有，法國許多城市都有類似的公共自行車系統，學會它可是相當受用呢！

自行車的法文是Vélo，於是巴黎的公共自行車就叫「vélib」，每一個vélib站都有一台機器，可以當場買卡、看電子地圖、取車及還車，當然，甲地租車乙地還車這也是一定要有的功能！那麼，全巴黎究竟有多少自行車站呢？

媽呀～起碼是地鐵站的三倍密度吧！幾乎每隔幾條路就有一個站，不論去哪裡玩，只要抬頭看看附近，一定有vélib站可以借車和還車，密度就像台灣的便利商店一樣，難怪滿街都是騎自行車的觀光客。

首先要用機器買一張vélib卡(或者加值在巴黎的Navigo卡裡面)，買vélib卡只是代表你有租腳踏車的憑證，租用腳踏車時要另外付

來看看費率：

有效期限	1天	7天	1年
vélib卡費	1.7€	8€	29€

巴黎vélib租金試算

租用時間	前半小時	1小時內	1~2小時內	2小時以上
費率	免費	1€/半小時	2€/半小時	4€/半小時

使用費。卡片從機器印出來時開始算時間，有效期限分為1天、7天和1年。每張vélib卡上面有一組序號，並且要自行設定一組4碼密碼，序號及密碼在取車時會用到。

如果在半小時內還車，一律免費！超過半小時就要1歐元了；租2小時是5歐元；租4小時是21歐元！你以為租越久應該越便宜？不是哦～法國人想的跟我們不一樣！法國租車是租越久越貴！所以如果想省錢，就是要在半小時內還車，然後再重取一台接著騎，如此接力賽，就不用付任何使用費了。

但是！腳踏車接力要注意幾件事：

1. 最好提前10分鐘就開始找vélib站準備還車，以免逾時還沒找到站。
2. 有時vélib站的位子是滿的，沒有空位可以還車，這時可以看機器上的地圖，找尋附近其他vélib站的位置。機器上還有一個

❶巴黎的自行車系統算是不錯，部分自行車道設有分隔島，相當安全，但也有不少路段必須跟公車搶道 ❷在街頭騎著自行車亂晃，逢人便說「Bonjour！」是比一般觀光客更深入巴黎的方式 ❸里昂的公共自行車 ❹每一個Vélib站的機器都可以買卡、看電子地圖、取車及還車

特別的功能，可以偵測到車位已滿，並給予15分鐘的免費延長。

3. 有時候vélib站車子全被取光光，有時剩下的車全是壞的，「落鏈」、「破輪」的都有。
4. 還車後，要等2分鐘才能再取車，取同一部車是允許的。

小巴黎地區從最東騎到最西約在1.5小時～2小時內可以完成，所以不管是藍帶或斐杭狄，只要你住小巴黎，都可以在1小時內騎到學校。提醒你，巴黎可是有很多上下坡的唷！背著刀具騎自行車會有一點辛苦。但夏天時騎著自行車，奔馳在巴黎街頭吹著風，不就是我們來法國當廚藝學校學生，所嚮往的生活嗎？

實用法語單字

Plan	地圖
S'abonner	預訂
Abonnement courte durée	短期預付卡
Tarifs de location	出租費率
Autorisation de prélèvement	預扣款授權
Reçu	收據
Retirer	取車

❺La Bovida在這裡可以找到很多Le Creuset鑄鐵鍋 ❻位在La Bovida店隔壁的肥肝專賣店,不但品質比超市好,價錢也不貴。另外如鴨胸、蝸牛及魚子醬也都有賣 ❼一走進La Bovida就會看到櫃檯前掛滿的鐵鍋 ❽我的第一個Le Creuset鑄鐵鍋

❶很像倉庫的E. Dehillerin ❷La Bovida刀具、工具及器械都很齊全 ❸蒙馬特路(Rue Montmartre)不但是廚具店的集中區域,也是食材店、美食書和名店的聚集地 ❹開學前自行到Bragard繡名字的制服

廚藝學生別忘了必逛的廚具街

　　説到廚具街,可以説是在巴黎唸廚藝學校的學生,一定要來的地方。無論是唸料理、甜點或麵包,在這裡都可以找到各式各樣的用具,而且憑廚藝學校的學生證可以打9折。如果還沒拿到學生證,持註冊證明也可以,少數店家會規定打折的最低額度,可能須購買10歐元以上,門檻並不高。

　　地鐵4號線坐到Les Halles,出口沿著蒙馬特路(Rue Montmartre)走,就是大部分賣廚具店家集中的區域。有些比較大的店面,不但逛起來舒服,連窗戶採光也都講究,一整櫃亮晶晶的銅鍋,旁邊窗戶看出去都

是典型法式建築,徜徉在這樣的法式料理文化中,讓人不「敗」下去都很難。

知名的店家可找到很適合的廚具
◎Mora
✉ 13 rue montmartre 75002 Paris
http www.mora.fr

網站做得很棒,分門別類,也可以用關鍵字搜尋你要的產品。店裡東西齊全,很容易碰到買甜點器材的日本人,我曾經認識一對來巴黎觀光的日本人,他們參觀完藍帶的下一個行程,竟然就是逛 Mora。

◎La Bovida
✉ 36 rue de Montmartre 75002 Paris
http www.labovida.com

廚具街概略圖

(網友陳穎提供)

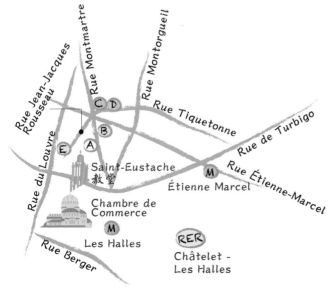

Ⓐ MORA
13 rue Montmartre
MON-FRI 09:00-18:15
SAT. 10:00-13:00/13:45-18:30

Ⓑ La Bovida
36 rue Montmartre
MON-SAT 10:00-19:00

Ⓒ a.Simon
48-52 rue Montmartre
MON 13:30-18:30
TUE-FRI 09:00-18:30
SAT. 10:00-18:30

Ⓓ G.Detou
58 rue Tiguetonne
MON-SAT 08:30-18:30

Ⓔ E.Dehillerin
51 rue Jean-Jacques Rousseau
MON 09:00-12:30/14:00-18:00
TUE-SAT 09:00-18:00pm
close on SUN & public holidays

在最主要的十字路口，帆船商標很好認，用具分類標示清楚，逛起來最舒服的一間店。我的第一個20cm鑄鐵鍋就是在這裡買的，火焰橘色澤是最具代表性的經典款，台灣一個賣台幣8,300元，法國賣台幣5,400元，我在折扣季以台幣3,200元就買到了！羨慕吧～

◎E. Dehillerin
✉ **18 rue coquilliere 75002 Paris**
http **www.edehillerin.fr/fr/**

從地鐵出口圓形廣場的左邊，順著一整排的餐廳走下去就到了。擺設很像五金行，卻是賣最多銅鍋的一家店！什麼怪東西都有，尤其有很多超大尺寸的鍋具，適合工廠、學校或飯店大量烹煮用。

◎a. simon
✉ **48-52 rue de Montmartre 75002 Paris**

a. simon有兩間店，綠色招牌賣的是餐具居多；紅色招牌則是鍋具比較多。在廚具街對同一件用具比價，比到最後常會走到a. simon來買，因為它通常最便宜。

❶設櫃方式猶如台灣的HOLA，明亮的採光加上窗外法式建築的氛圍，真的很有餐飲藝術的味道 ❷架子上和展示桌隨處都是美食書 ❸Gourmande書店的一樓櫥窗 ❹a. simon兩間店開在隔壁而已 ❺G. Detou小小的店家，裡面可是人潮不斷，且商品琳琅滿目呢

◎G. Detou
✉ **58 rue de Tiquetonne 75002 Paris**
http **www.gdetou.com**

除了廚具以外，也有專賣香料、香精的材料行，本來還擔心法國沒有「開南食品材料行」這一類的店，發現這家之後，就不怕什麼稀有材料買不到了，我的「白松露油」就是這裡買的。

◎Librairie Gourmande
✉ **92 rue montmartre 75002 Paris**
http **www.librairiegourmande.fr**

這是一間書店，一樓全是料理書，二樓是甜點書，門口有每本1歐元～2歐元的書區。斐杭狄CAP課程的教科書可以在這裡買到，也曾有唸雷諾特美食學校的朋友特地來這裡買書，因為這裡賣得比學校還便宜。

◎**Duthilleul et Minart**

✉ **14 rue de Turbigo 75001 Paris**

http **duthilleuletminart.fr**

　廚具街的制服店，舉凡廚服、廚褲、安全鞋或廚師帽，都能在這裡找到，也是斐杭狄學校開給我們採購清單的參考商家之一。

　廚具街以外，有兩間要另外坐地鐵才能到的店，我也特別介紹一下：

◎**Bragard**

✉ **186 rue Faubourg Saint Martin 75010 Paris**

http **www.bragard.com/fr/**

　應該是全法國最有名的制服店吧，許多主廚身上穿的廚服都可以看到這個字樣，同時也是斐杭狄學校指定我們繡名字的店。這裡有各個餐旅學院的制服，你只要報上學校名稱和自己的全名，店家就知道該為你準備什麼制服，以及把名字繡成什麼樣式，繡字的費用大約是5歐元。

◎**LEJEUNE**

✉ **3 rue Bernard Palissy 92600 ASNIERES**

http **www.mamallette.fr**

　一間類似工廠自產品牌的直營店，雖然位在外省，但地鐵還算到得了。如果你有大量的工具要買，這裡一定是最便宜的，價差可能在兩倍左右。這也是斐杭狄學校開給我們採購清單的參考商家之一，只要把清單交給店家，馬上幫你配好所需的一切刀具和用具。

實用法語單字	
Vêtements de travail	工作服／廚服
Broderie	刺繡
Epicerie	香料店
Librairie	書局

❶大香料百貨火腿、起司等各類商品幾乎都有獨立人員現場服務 ❷宜福里大街(Avenue d'Ivry)的華人商店 ❸宜福里大街(Avenue d'Ivry)的陳氏商場，俗稱大陳氏，入口就在停車場旁

巴黎才有的大型超市

前面的章節介紹過法國常見的超市了，接下來介紹巴黎才有的超市。

◎陳氏商場(Tang Frères)

大型亞洲超市，思鄉就來逛這裡

✉ **48 Avenue d'Ivry 75013 Paris**

巴黎十三區俗稱中國城，但實際上只有這條宜福里大街(Avenue d'Ivry)中國味特別濃厚，中式的餐館、糕餅店、廣式燒臘、旅行社和珠寶店多集中在這裡，也有許多泰式和越南餐館，可以說是以陳氏商場為中心，形成的一塊亞洲區域。

說陳氏商場是一間中國超市，不如說是亞洲超市，越南籍的老闆，店裡進的商品可不只有中國貨，中國白菜、越南春捲、泰國水蓮、韓國泡菜、日本醬油、台灣餅

❹位於AU BON MARCHE百貨的LA GRANDE ÉPICERIE PARIS ❺各種的現成派皮，適合愛做甜點但懶得自己做派皮的人

乾及印度咖哩等，大部分亞洲食材都可以在這裡找到。我第一次到陳氏商場的印象是：「這裡東西是不用錢嗎？怎麼大家拿東西好像用搶的一樣。」因為在法國，這樣大的亞洲超市實在太難得了，所以全巴黎的亞洲人和法國人都來了，也因此這裡總是人擠人，逛起來並不舒服。但對於住過法國外省的留學生來說，這裡是天堂，在外省連想要買一包好吃的泡麵都很難，只要能買到解解鄉愁的食物，人擠一點有什麼關係。以前住普瓦捷時，我的中國鄰居只要逮到機會上巴黎，一定到陳氏商場買好幾千元的商品回家囤貨。

超市裡設有肉販攤和魚販攤，肉販攤有好幾位師傅在服務，但排隊的人實在太多了，所以要抽號碼牌，平均等待時間約是20分鐘。這裡的好處當然是可以講中文，另一方面，作亞洲料理還是需要亞洲食材，以豬絞肉來說，在一般的法國超市或肉鋪買，可能都是加了香料的香腸絞肉，就算指定原味，也可能把肉絞得過度細緻，如果你拿這樣的絞肉來做水餃、獅子頭或是肉燥，那味道和口感可是會很不同。此外，同樣的肉，在這裡的價格也比在法國超市裡便宜。

不只是食材，在陳氏商場入口處也賣很多廚具，包括中式碗筷、蒸籠、日式拉麵碗、壽司竹捲和火鍋撈杓，在法國超市可是找不到的。

◎大香料百貨(LA GRANDE ÉPICERIE PARIS)

貴婦超市，專賣高級食材

✉ **38 rue de sévres 75007 Paris**
http **www.lagrandeepicerie.fr**

如果你需求一些法國食材，在一般超市卻找不到，這時可以去哪一間更大的超市買呢？答案就是全法國最有名的食品百貨：LA GRANDE ÉPICERIE PARIS。

位於第六區的好市場百貨(AU BON MARCHE)，在地鐵sèvres-babylone站旁就開了兩個館，其中一個館完全就像是為了LA GRANDE ÉPICERIE PARIS所設一樣，各種香料、酒、新鮮食材、乾果、起司和火腿，占據了整個樓層，賣的全是稀有、昂貴及高品質的商品，有歐洲的，也有亞洲的。由於陳列的方式如百貨公司一般，逛起來相當舒服，這裡總是可以看到穿著時髦的貴婦，或是一身貴氣披著貂皮大衣的老太太買菜，因此有貴婦超市之稱。

這裡也像是美食街，除了食材之外也賣輕食、熟食和甜點，逛累了，可以找個輕食吧台坐下來點個沙拉或三明治，喝杯咖啡聊聊再逛。熟食部的食物是你認識法式料理口味最好的教材，臨走前再到甜點販賣部外帶一些甜點回家，真是超完美貴婦行徑！

在LA GRANDE ÉPICERIE PARIS隔壁的另一館，雖然不賣食材，二樓卻有很多廚具專櫃。著名的鑄鐵鍋品牌STAUB與LE CREUSET在這裡都展示相當多款的鍋具。其

他如餐盤、刀叉甚至做麵團的攪拌機，也都走名牌和高價的上流路線。

◎拉法葉百貨男生館(Galeries Lafayette Homme)

適合購買伴手禮

✉ **40, Boulevard Haussmann 75009 Paris**

位於歌劇院附近，觀光客人潮聚集的拉法葉百貨男生館，二樓有著如LA GRANDE ÉPICERIE PARIS的美食百貨超市。從香料、甜點、茶、火腿、蔬果乃至亞洲食品，應有盡有，尤其有適合觀光客買回去當伴手禮的法國禮盒，如鵝肝醬、魚子醬、餅乾、巧克力及紀念品。和LA GRANDE ÉPICERIE PARIS一樣，超市內有各種可以坐下來休息的吧台，讓逛累的觀光客，可以點杯飲料坐下來休息一下。

◎K-Mart

專賣日韓商品

✉ **6-8 Rue Saint Anne 75001 Paris**

位於地鐵Pyramides站附近的K-Mart超市，是最大的日韓超市，如果陳氏商場和一般超市的日韓商品不夠你選擇，可以到這裡找找看。這裡有各種日本米，道地的韓國泡菜，還有燒烤專用肉片及壽司專用的生魚，

雖然不如陳氏商場那麼大，但日韓食材卻是這裡最多

當然日韓醬料這裡的選擇也更多樣。

◎ACE Mart

專賣日韓商品，規模較小

✉ **63 Rue Saint-Anne 75002   Paris**

同樣位於歌劇院附近的ACE Mart，也是販賣日韓商品的超市，規模比K-Mart略小，價錢也略低。

◎巴黎市多(PARIS STORE)

大型亞洲超市，外省也有分店

✉ **44 Avenue D' Ivry 75013 Paris**

http **www.paris-store.com**

這是一間連鎖亞洲超市，規模和商品種類不輸陳氏商場，除了巴黎外，在部分外省如馬賽、吐魯茲、史特拉斯堡及圖荷等7個城市也都有分店。一樓為生鮮超市，同樣也有肉販攤提供現切服務，而且比較不需排隊久候；二樓則有比陳氏商場還多的亞洲廚具，包括中式炒鍋、台製砧板和拜拜用品都有賣，是除了陳氏商場之外很棒的選擇。

◎巴黎第一大商場(BIG STORE)

商品齊全的小超市

✉ **81 Avenue D' Ivry 75013 Paris**

和陳氏商場位在同一條街上，雖然叫第一大商場，規模卻如同台灣一般的小超市。商品的陳列簡單乾淨，如果並非要大採購，倒是可以到這裡來買東西，距離地鐵Tolbiac站更近，不需繞大半個賣場，結帳也不會大排長龍。

實用法語單字

Caisse	收銀台
Oriental	東方的
Ravioli	餃子
Poitrine haché	豬五花絞肉
porc en tranche	豬肉薄片
Cocotte	燉鍋

❶拉法葉百貨的美食超市入口處就可以看到香料部的展示，你可以看看、聞聞，請服務人員讓你嘗嘗再買 ❷新鮮蔬果區 ❸小間但商品齊全的巴黎第一大商場，逛起來很舒服

❹火腿販賣部不只賣火腿，還提供幾種適合的酒類，可以點了坐下來配火腿，當場吃看看 ❺位在十三區的巴黎市多門市入口 ❻喜歡作法式烤蝸牛，可以買一桶蝸牛殼回去裝

Le Cordon Bleu Paris

夢寐以求的法國藍帶廚藝學院

藍帶制服，從小到大沒有一套制服像它這麼讓我想穿上，穿上它
會有夢想已經實現的錯覺，但事實上，夢想才剛開始而已。

終於要開學了，既緊張又興奮啊！

藍帶報到日的行程最重要只有三件事：

1. 領取學生證和熟悉環境

2. 領取課表和上課講義

3. 分發刀具組和制服

如果你在擔心「要不要著正式衣著？」「會不會第一天就進廚房實作？」那麼大可不用緊張，早上9點鐘報到，中午左右就可以結束回家了。

領取學生證和熟悉環境

帶著入學通知，大廳會有工作人員作登記，領了學生證及資料袋後，工作人員會很親切地引導進入示範教室，準備等校長開講。校長率先用法語開講，一旁的英語翻譯人員馬上用英語同步翻譯，在一番歡迎及介紹詞之後，會告訴大家學生守則的部分，包括上課禁止錄音、服儀不整禁止進廚房、缺席5次將會被退學並沒收學費等規定，聽得真是讓人毛骨悚然。事實上有沒有這麼嚴格呢？有！我的一位以色列同學因為缺席次數太多，後來只能聽示範課，不能再進入廚房參與實作課了。

一個班級大約是40人，人數因期別和班別會有不同，但可以確定的是廚房裡的實作課，一定是以每組10人分組進行，每人都有獨立的個人工作區塊，不需要與他人共用。你會驚訝的可能是英語系學生竟然比法語系學生和亞洲學生還多。

雖然學生證在出入學校時並不需要出示，但還是隨身攜帶比較好，理由一是若你想購買藍帶的商品可享有折扣，一定要持有學生證；理由二是哪天你不小心拐到了巴黎的廚具街，買東西想要享有廚藝學生折扣，就一定要出示這張學生證；理由三比較特別：帶著刀具在街上或地鐵走，如果遇到警察盤問，根據法律，必須出示廚藝學校的學生證，否則，就必須把你的刀具組上鎖。(藍帶刀具組附有活動式密碼鎖，不須額外購買)

藍帶廚藝學院巴黎總校如傳聞中的並不大，稱不上校園，就只是一棟大一點的建築而已。一樓有櫃台大廳、示範教室、更衣室及中庭花園。二樓至四樓則是所有廚房及辦公室，算一算廚房和教室共有10間。地下室是只有助教和值日生才會去的備料室和冰庫，整棟建築還有一半是學生不能任意出入的行政辦公室。

這段時間，會簡單地與主廚做第一次接觸，也會每人一對一與行政小姐做一次簡短的談話，並繳交一份問卷。在藍帶，英文程度不好會較難融入歐美同學，但懂法語則可以與工作人員聊的比較多，也有一位行政小姐懂中文，因此如果真的在藍帶遇到什麼困難難以表達，中文也是能通，想來藍帶的人心裡可以安心不少。

領到課表和上課講義，真是令人感動

課表是一份整個學期共210小時(近3個月)的總排程，看起來令人眼花撩亂。每日08:30～22:00被切分成四個時段，課表取決於教室及廚房的可使用時間，因此它是變動

❶下雪中的藍帶廚藝學院巴黎總校的外觀 ❷藍帶櫃檯，總是會有一、二位小姐在此接受任何詢問 ❸櫃檯的正面是書架，擺了一些廚藝相關書籍，各國語言都有，書本可以在校內借閱，也可以買回家。繁體中文的「大廚聖經」、「糕點聖經」及「廚房經典技巧」這裡也都有，學生價九折，但是我們台灣的書局常常都打到七折，所以當然在台灣買較划算囉～除非…你想買的是法文書 ❹刀具組和制服的分發就在中庭花園臨時搭起的服務台，領完就可以回家囉

的，並非每個人每週都在固定的時段上課，想要理出個頭緒知道自己未來近3個月的行程表，還真需要一點時間消化才行。

上課講義是一本非常大的資料夾，包含學生規章、主廚師資簡歷、所有示範課和實作課的菜單，以及一些基礎料理知識，整本都是雙語的(法語／英語)。

專業的刀具組和夢寐以求的制服，也到手了

分發刀具組和制服的地點在中庭花園，工作人員講解要領取的制服及刀具組，並請一位學生著標準服裝為大家示範。由於

藍帶事先已用電子郵件向每位學員詢問過服裝尺寸，因此現場的服裝都已經依每個人，分別裝成一大袋了，不須再當場一一報尺寸。

各自領完裝備，就可以到旁邊的試衣間試穿，並且用藍帶發給你的鎖，安頓你的置物櫃。更衣室很小間，而且很熱，我想，台大體育館的更衣室或關西的軍營換起衣服來都比這裡舒服，這是我對於藍帶較抱怨的地方。幸好，每一櫃的空間倒是比八仙樂園的置物櫃來得大。領完裝備其實就可以自行解散回家了，不急著走的同學可以在中庭花園享用免費的迎賓法國麵包、起司及水果。

❶平常學生的交誼和各種活動,都在這個一樓室內中庭花園 ❷空間狹小的男生更衣室,是藍帶比較扣分的地方 ❸刀具包裡的刀(器)具一覽 ❹可供10人小組上實作課的三樓料理廚房 ❺學期活動行程表,以及上課時間和教室地點的完整訊息 ❻附有藍帶聖靈團武士紋章的WÜSTHOF刀具包

拿到刀具組，建議你到旁邊仔細地把它一把一把拿出來清點。這是很棒的德國高貴品牌WÜSTHOF！裡面有超過20件的刀及工具，價格不斐，幸好是包含在學費裡，也難怪學費這麼貴囉！每一把刀除了有WÜSTHOF的品牌Logo之外，也都有藍帶標章，算是相當值得收藏的一套！(自2015年開始改成雙人牌)

　　我的建議是：回到家用顏色顯眼的絕緣電氣膠帶，把每把刀都標記上自己的名子，以免在廚房忙亂之中被其他人拿走。除了名字之外，我當時還對照字典及刀具清單，把所有刀

具的法文字彙都寫上去，除了辨識，還可以天天背這些工具字彙，跟主廚溝通時也不怕拿錯把，這個方法，推薦給你！

　　底下列出刀具組和制服的清單，提供讀者參考。(藍帶所有學生都是同一組刀具，不分料理班和甜點班)

> **實用法語單字**
>
> | | |
> |---|---|
> | Mallette | 刀具包、刀具箱 |
> | Poste De Travail | 個人工作區塊 |
> | Manuel | 上課講義 |
> | Démonstration | 示範課 |
> | Pratiques | 實作課 |
> | Vestiaire | 更衣室 |

藍帶入學分發之刀具組及制服清單

中文名稱	法文名稱	數量	中文名稱	法文名稱	數量
軟刀具包 (WÜSTHOF)	Trousse	1	不銹鋼套筒(U6，U8，U10，U11，U12，U20，A7，D7)	Douilles inox	8
鋸齒刀(26公分)	Couteau-scie	1	塑膠套筒(StH，E6，E8，PF16)	Douilles plastiques	4
抹刀(25公分)	Spatule plate	1	塑膠刮板	Racle-tout	1
彎型抹刀(25公分)	Spatule coudée	1	電子溫度計(具計時器功能)	Thermomèter électronique	1
主廚刀(23公分)	Eminceur	1	耐熱鍋鏟(30公分複合玻璃纖維)	Spatula Exoglass	1
肉叉(18公分)	Fourchette à viande	1	打蛋器(25公分)	Fouet	1
小事務刀(9公分)	Couteau d'office	1	叉子	Fourchette de table	1
魚片刀(18公分)	Filet de sole	1	湯匙	Cuillère à soupe	1
小削形刀(7公分)	Couteau à tourner	1	小湯匙	Cuillère à café	1
去骨刀(14公分)	Désosseur	1	開瓶器	Tire-bouchon	1
剁刀(16公分)	Couperet	1	電子秤	Balance électronique avec piles	1
料理剪刀	Paire de ciseaux	1	保鮮密封盒(25公分)	Boite hermétique carrée	1
蘑刀棒(25公分)	Fusil	1	保鮮密封罐(8公分)	Bol hermétique à sauces	1
果皮削刮刀	Zesteur	1	秤料塑膠碗(一大一小)	Bol à balance	2
挖球器	Cuillière parisienne	1	制服		
削核器(2.5/2.2公分)	Vide pomme	1	中文名稱	法文名稱	數量
挖溝器	Canneleur	1	抹布	Torchon blanc	3
綁針	Aiguilles à brider	1	圍裙	Tablier	3
蔬菜削皮刀	Econome	1	領巾	Tour de cou	3
毛刷	Pinceau	1	小帽	Calot	2
甜點裝飾夾(派皮用)	Pince pâte	1	上衣	Veste	3
擠花袋(35公分)	Poche à douilles	1	褲子	Pantalon	2
擠花袋(45公分)	Poche à douilles	1			

赫赫有名的藍帶師資簡歷

在2011年，藍帶有7位料理教學主廚，3位甜點教學主廚，以及4位客座主廚。所謂客座主廚，就是非藍帶常駐教師，只帶實作課，不帶示範課。教學主廚當中雖然各自有偏重在不同級別的班，但彈性靈活的排課，基本上，還是能讓學生有機會被每個主廚教到。底下是2011年夏天的藍帶師資，想知道最新的教學陣容，建議上藍帶官網查詢。

料理教學主廚

Patrick Terrien：最老經驗的主廚中的主廚

- 畢業於St-Amand-Montrond餐飲學校
- 曾任職於史特拉斯堡的Restaurant l'Aubette
- 曾任職於Évian-les-Bains的L'Hôtel Royal
- 曾任職於L'hôtel Inter-Continental醬汁主廚，擔任Charles Janon主廚的二廚
- 曾任職於L'hôtel Nikko，擔任Joël Robuchon主廚的二廚
- 曾教學於日本大阪Tsuji學院
- 在圖荷經營一間餐廳並獲得米其林一星
- 為《 la cuisine de Tourangelle》一書的共同作者
- 於1989年加入藍帶

Bruno Stril：最親切的料理初級班名師

- 曾任職於米其林二星餐廳Le Café de Paris
- 曾任職於Les Armes de Bretagne
- 曾任職於4星飯店L'Hôtel du Palais de Biarritz的餐廳主廚
- 曾任職於l' Espace Cardin餐廳主廚
- 曾任職於巴黎的Le Maxim' s餐廳主廚
- 於2002年加入藍帶

Philippe Clergue：人很親切的高級班大廚

- 於吐魯茲取得CAP廚師職業認證及餐飲BT證書
- 曾任職於Magescq的米其林二星餐廳Le Relais de la Poste
- 曾任職於法國總統麗舍皇宮
- 曾任職於St Tropez的米其林一星餐廳Leï Mouscardins
- 曾任職於Beaune的米其林一星餐廳Le Relais de Saulx
- 在Beaune經營一間餐廳L' Auberge de la Toison d'Or達15年
- 於2006年加入藍帶

料理史先生(Bruno Stril)的課，永遠都是學生最喜歡的

與客座主廚Daniel Codevelle在最後一堂實作課的合照

Franck Poupard：外冷內熱的料理初級班導師

· 曾任職於Alençon的米其林一星餐廳Au Petit Vatel
· 曾任職於諾曼地的米其林一星餐廳L'Hôtel Restaurant Le Dauphin
· 曾任職於La Table Ronde與Le Grill du Parc
· 曾任職於日內瓦的L' hôtel de luxe Le Président Wilson，擔任冷廚負責人
· 曾任職於倫敦Harrod's和Le Georgian
· 於2006年取得BTS證書
· 於2007年加入藍帶

Frédéric Lesourd：曾到過台灣表演的搞笑大廚

· 於巴黎取得CAP廚師職業認證、BEP證書及BP文憑
· 曾任職於巴黎的Le Maxim's，Le Jardin des Cygnes au Prince de Galles，Le Céladon au Westminster，L'Espadon au Ritz及Les Muses au Scribe
· 曾任Le Meurice二廚
· 曾任職於內政部餐廳主廚，而後服務於法國總統麗舍皇宮
· 於2008年加入藍帶

Patrick Caals：料理和甜點通吃的帥哥主廚

· 取得CAP廚師職業認證及甜點師職業認證，以及BEP廚師證書
· 曾任職於Fauchon及Le Grand Ecuyer d'Yves Thuriès
· 曾任職於L'hôtel Ambassador
· 曾任職於Le Maxim's，擔任二廚
· 曾任職於里昂L'Instiut Paul Bocuse學校
· 曾任職於Alain Ducasse名廚的團隊
· 於2008年加入藍帶

甜點教學主廚

Jean-François Deguignet：常代表藍帶參展的主廚

· 取得CAP甜點師職業認證及BP文憑
· 曾任職於L'hôtel Inter-Continental，擔任甜點主廚

· 1990年獲頒法國國家Trophée廚師學院金牌
· 連二年獲頒巴黎Charles Proust比賽銀牌
· 1991年獲頒甜點協會金牌
· 1992年獲頒Journées Gourmandes d'Évry銀牌
· 1992年獲頒法國最佳廚師協會金牌
· 1993年獲Jean Louis Berthelot獎，及Saint Michel金牌
· 1994年獲Marcel Duhamel獎
· 於1999年加入藍帶，並曾在韓國藍帶廚藝分校任教

Xavier Cotte：和學生打成一片的主廚

· 畢業於L'École Hôtelière du Gers，並取得CAP甜點師職業認證
· 曾任職於M. Daniel Walter的店
· 曾任職於米其林二星餐廳La Tour d'Argent，擔任甜點主廚
· 曾任職於Stella Maris
· 於2002年加入藍帶

Jean-jacques Tranchant：參與過台灣電視劇的最上鏡主廚

· 曾任職於Ruc Saint Lazare
· 曾任職於Le Fouquet's和L'hôtel Nikko，擔任甜點二廚
· 曾任職於四星飯店Le Bristol，擔任甜點主廚
· 曾與料理 MOF Emile Tabourdiau、巧克力MOF Jean-Paul Hevin合作
· 曾任職於Duval Traiteurs
· 於2004年加入藍帶

　　此外，還有Daniel Walter、Nicolas Jordan、Ju Hyun Sun(韓國籍)和Daniel Codevelle等客座主廚。

　　2016年起，藍帶廚藝學校巴黎總校已遷移至塞納河畔的新校區，舊校區已閒置不用，授課師資也隨著校方調整，相關資訊請參考藍帶官網。

我的逐夢手札

雖然藍帶的師資不一定是顯赫的米其林星級主廚或 MOF，但教學經驗老到的主廚們，都演繹出很成功的教學方式，讓外國學生易懂，並從實作中學習。這也是藍帶廚藝學校成功的地方，把學生領進門，認識並學習法式料理和甜點，並且為外國學生做了調適，使我不致因挫折而抹殺了對料理及甜點的興趣。

教學方式是示範課後緊接著實作課

藍帶的上課方式，不論是料理班或甜點班、初級班或高級班、普通班或密集班，都遵循同一個模式：3小時教室示範課＋3小時廚房實作課。示範課時，教室裡有翻譯人員作即時英語口譯，學生可以專心作筆記，並且吃到一小碟主廚當場作的菜，在腦袋裡想想整個流程，然後實作課才到廚房動手實作。有時實作課並未安排在當天，因此有更充裕的時間回家把食譜消化，查查不懂的詞彙，上網查這道菜的歷史及相關的影片，甚至自行試作來加深印象。

❶示範課前最好在
教室入口排隊，才
能搶到前排的好位
子

這樣的安排優大於劣，優點是確保主廚教的菜被學生完整吸收，畢竟菜要做得像並不難，但味道正確性、熟度控制、流程的流暢及料理理論的應用，就需要下功夫努力了。而缺點則是對於偏好打鐵趁熱的學生，如果示

②料理班的實作課，總是這樣鍋碗瓢盆一堆 ③二樓的實作廚房 ④一樓的示範教室

範課後沒有馬上實作，腦袋裡剛學的東西可能就慢慢忘掉了。底下是藍帶料理初級班課程入門的一部分，很明顯是適合初學者的，想知道全部嗎？建議還是實際到藍帶去體驗一下吧！

第1堂	• 基本知識及刀具的使用
	• 各種蔬菜的分切法【實作】
	• 田園蔬菜湯(Potage cultivateur)【實作】
第2堂	• 褐色小牛高湯(Fond de veau brun)
	• 魚高湯(Fumet de poisson)【實作】
	• 貝西鰈魚排(Filets de limande Bercy)
第3堂	• 白色雞高湯(Fond blanc de volaille)【實作】
	• 法式水煮雞佐奶白醬與油飯(Poularde pochée sauce suprême, riz au gras)【實作】
	• 起司舒芙蕾(Soufflé au fromage)【實作】
第4堂	• 鹹發麵皮與尼斯批薩(Pissaladière)【實作】
	• 麵用麵團與菠菜千層麵(Cannelloni aux Epinards et sauce tomates)
第5堂	• 油酥鹹派皮與洛汗鹹派(Pâte levée salée：Quiche Lorraine)【實作】
	• 野菇鹹派(Quiche aux champlignons sauvages)
	• 千層派皮(Pâte feuilletée)【實作】

除了以上我列出的前5堂課，還有教洋蔥湯、淡菜湯、沙巴翁、烤鴨、鴨胸、烤雞、珠雞、燴牛肉、各種牛排、小羊排及好幾種魚料理等，一共是30堂課82道菜。

1

2

❶雅瑪尼亞克白蘭地李
子乾鴨肉凍 ❷起司舒芙
蕾 ❸烤雞佐什錦蔬菜與
朝鮮薊 ❹茴香風味香煎
鯛魚排 ❺橙汁鴨胸

3

4

5

⑥奶蔥酥皮水波蛋佐阿勒比弗哈醬 ⑦烤豬大排佐香料與拜倫薯泥餅 ⑧燻鮭魚炒蛋包 ⑨義式草莓開心果小酥餅 ⑩甘藍燴珠雞

6

7

8

9

10

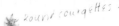

洛汗地區的洛汗鹹派

法國人的家常點心

法國人對於鹹派(Quiche)的喜愛，就像台灣人愛吃肉包一樣，台灣的早餐店幾乎都有肉包，而法國的熟食店，則幾乎都能買到鹹派。台灣人在超市買冷凍包子回家蒸；法國人則在超市或冷凍食品專門店，買冷凍鹹派回家烤，甚至派皮也都是一般超市常備的商品，讓你買回家依自己的喜好DIY。

既然是這麼普及的法式食物，藍帶當然一定要教囉！在料理初級班中，第5課就教鹹派的製作了，可見它是基本且難度不高的一道料理。法文Lorraine是一個靠近德國邊境的區域，稱為洛汗(或洛林)地區，由於當地人鹹派常加了培根和起司，後來就把這種鹹派稱之為洛汗鹹派。

說起來我是「愛料理，怕甜點」的人，只要一遇到要揉麵團、進烤箱烘焙的課程，心理就不自覺地有壓力，總覺得這是甜點師才會的「另一門學問」。但身為一個藍帶廚師，除了料理之外，可不能半點甜點基礎都不會，料理廚房做得出來的小甜點，例如：派、泡芙、布丁、巧克力慕斯或舒芙蕾等，都是料理班也要學的甜點，更何況，這一道派可是鹹的呢！這一天，為了跟麵團好好相處，我決定跟它搏感情！

首先的示範課是由Patrick主廚教課，Patrick主廚是少數同時教料理班與甜點班的主廚，因此在麵團的處理上，教授的很多方法都相當實用，在處理麵團的速度上快很多。實作課的主廚則是Philippe，外表長的像「豆豆先生」，功力卻是一流！藍帶對外的宣傳表演，常常都是由他擔任示範。他的實作課與他的示範課一樣讓人舒服，對學生超好！是一位沒有架子的親切主廚！

❶主廚做的鹹派，烤的顏色完美，裝飾也可口得沒話説
❷超市冷凍架上有各式的派皮
❸Picard冷凍食品專門店裡琳琅滿目的鹹派，有菠菜、培根或起司等口味，有時他們也用tarte這個字

1

Quiche Lorraine

2

3

洛汗鹹派(Quiche Lorraine)

派皮麵團
麵粉 200公克
奶油 100公克
鹽 5公克
蛋 1顆
水 30毫升

配料
燻培根 150公克
艾曼達(Emmental)起司
100公克

奶蛋液
蛋 2顆
蛋黃 2顆
鮮奶油 250毫升
鹽 酌量
白胡椒 酌量
肉豆蔻 酌量

(8人份食譜)

我 · 的 · 實 · 作 · 心 · 得

　　鹹派就像蛋塔一樣,只不過變成鹹的。作派皮時,先要把奶油切成小塊,放到麵粉裡去,再用手指捏捏搓搓使其混合。這一步,麵團的奶油香會整個衝上鼻子,喔～太香了!廚房的工作真是幸福,我果然沒有來錯藍帶啦!

　　有一點非常重要:千萬不要過度用手掌揉麵團,因為手的溫度會讓奶油融化,做出來的派皮就不酥。也許是這一天有了要對麵團放感情的心理準備,捏起麵團來就是特別的順,捍成派皮也沒什麼問題,我甚至還能在周圍雕起漂亮的小花呢!

　　派皮做好了,便可以進烤箱預烤。等候的時間當然也不能閒著,把培根快速炒過,瀝油備用;格魯耶荷起司則要用主廚刀切碎備用。重點來了,調配奶蛋液:先把蛋打散,加入鮮奶油,打勻,最後加入少許的鹽、白胡椒和肉豆蔻粉,過篩備用。注意鹽別加太多,因為培根和起司已經足夠讓這個派是鹹的了。

組合的順序是:
1.先在烤好的派皮裡鋪炒過的培根
2.撒切碎的起司
3.灌入奶蛋液

　　這樣就可以進烤箱烤了!如果配料炒的是野菇,就可以做成野菇鹹派(Quiche Aux Champlignons Sauvages)。我個人喜歡這個更甚洛汗。

　　即使只是一個家常的鹹派,擺盤還是很重要,仔細看主廚做的裝飾:兩片培根煎得實在太可口了,上面的香草植物是荷蘭芹與細香蔥。至於為什麼亮亮的呢?沾了橄欖油!這是擺盤的小技巧。

Lapin à la moutarde

芥末兔肉佐生炒馬鈴薯片

　　法國人吃兔子我早就聽説了，書上看過的兔料理最有名應該就屬芥末兔肉，藍帶第13課教的就是這一道「芥末兔肉佐生炒馬鈴薯片」！太棒了！

　　兔肉吃起來像什麼呢？很像雞肉，但肉的纖維又更細，不像雞肉飯那樣粗粗一絲一絲的。事實上，法國人看待兔子就像雞一樣，不覺得吃牠有什麼殘忍，在料理學裡也將兔肉歸為「禽肉」。大一點的超市要找到兔肉並不難，通常就擺在雞肉附近，但價格可比雞肉貴得多，有機會在超市裡看到整隻的兔子排滿冰櫃時你可能還是會嚇一跳！

主廚做的芥末兔肉佐生炒馬鈴薯片，煎過的馬鈴薯片排成一圈，中間是淋了芥末奶油醬汁的兔肉，上面那串則是兔子肝和腎串在迷迭香上。

97

自己動手做做看

芥末兔肉(Lapin à la moutarde)

兔子 1隻(約1.2公斤)
狄戎(Dijon) 芥末 3湯匙
白胡椒 酌量
麵粉 酌量
花生油 25毫升
奶油 25公克
鹽 酌量
迷迭香 2枝
蒜瓣 50公克
紅蔥頭 150公克
香料束 1束
白酒 60毫升
雞高湯 酌量
鮮奶油 40毫升

(4人份食譜)

我・的・實・作・心・得

首先,將剝好皮的兔子整隻橫擺在砧板上,掏出內臟,接著切下頭。P.99照片中最左邊是頭,舉起來的是前腿,平躺的是身體及後腿。另外一隻兔子躺的方向剛好反過來。

斷頭後,切下後腿,去掉前端無肉的部分,切斷膝肌腱以便能彎曲,易於烹調。刀子刺穿胳肢窩,切下前腿;尾椎不要,腹部橫切成三塊,這裡是僅次於後腿較有肉的地方。剪開胸腔,取下胸肉。解剖完的兔子就這樣趴在桌上,眼睛還在呢!

切好的兔肉要先裹麵粉再下鍋煎上色,一方面能保護肉的表面使其漂亮,一方面也為了讓後面的醬汁濃稠。兔肉上色取出後,撒些鹽和白胡椒,置旁備用。接著將蒜碎、紅蔥頭碎與香料速爆香,瀝掉油後加入迷迭香,再把兔肉放回鍋,刷上芥末,用白酒融化鍋底的精華,下高湯後進烤箱烤200℃/25分鐘。等到出烤箱後,濾出湯汁與芥末、鮮奶油混合燒成醬汁,但須注意:芥末不能加熱!所以要用部分鮮奶油先與芥末攪拌好,最後醬汁離火再倒入一起攪拌。

內臟串在迷迭香枝上,以奶油嫩煎,撒些鹽和白胡椒。馬鈴薯切片則是用熱油以甩鍋的方式煎,煎好再撒上蒜碎和荷蘭芹;組合在一起就完成了!

這一堂課是給Bruno主廚帶的,他就是作家于美瑞小姐口中的料理主廚史先生,人很好,並且相當幽默,果然是笨學生的救星。這一天我先是剁兔子時覺得骨頭太硬,於是撇開安全方法,刀子大力給它揮下去,結果主廚突然出現在我旁邊說:「這樣,等一下我就會吃到你的手指頭了。」

再來是在水槽瀝油時，主廚指著前方告示給我看：「禁止把油倒到水槽」，哇！我就是沒看懂法文graisse(油脂)這個字啊～

然後是切蒜碎時，被主廚說：「第2課就有教用拍的了！」

煎馬鈴薯片時油放太多，主廚說：「你這叫炸！」

總之，這一天像個笨蛋一樣，我心想：「完了，我今天一定被扣分的……」偏偏這次同學們動作都特別快，下課前1小時就陸續有人交作品了。眼看大家都在交作品，我卻才正要煎內臟，果真，我今天是最後一名交作品的，儘管如此，我就是堅持每樣東西都要做到位。最後，當主廚打我這一盤分數時，他叫同學來看我的菜說：「來！你看～就是要像這樣！」我心裡稍稍鬆了一口氣，幸好努力是值得的。主廚說我這一盤：「兔肉與內臟的熟度完美！醬汁很棒！薯片很優！非常好！」耶！這兔肉我帶回家獨享了二餐，實在太好吃了！我自己都不敢相信怎麼那麼厲害！哇哈哈～

給同學們的一個建議：實作課更要多向主廚發問，貴貴的學費不是用來租場地練習的，而是要「近距離請主廚傳授技術」。我在削馬鈴薯圓柱時就故意請主廚看一下，主廚於是接過我的刀子，再示範一次他的刀工，這比在示範課3～6公尺遠的示範清楚多了。所以，問吧！不要怕丟臉，不要怕當笨學生，多問多學到，多學多賺到哦！

整隻的兔子，看了叫人膽戰心驚

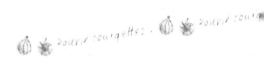

實用法語單字

Lapin	兔子
Moutarde	芥末
Pomme De Terre	馬鈴薯
Sauter	嫩煎
Farine	麵粉
Ail	大蒜
Huile D'Arachide	花生油
Échalote	紅蔥頭
Romarin	迷迭香
Bouquet Garni	香料束(通常由蔥葉包裹百里香、月桂葉組成)
Vin Blanc	白酒
Fond De Volaille	雞高湯

迪格雷黑式菱鮃魚排

法國人愛吃這類扁平魚

藍帶的課是這樣：講到某類食材時，就一連好幾天的課都在作這一類料理。教你雞料理時就滷雞、烤雞及做雞湯；教你魚就青鱈、菱鮃、鮭魚和比目魚都來吃一輪，從煎的、烤的、水煮到油炸全都有，所以在魚料理那一個星期，你會吃魚吃到怕！

以魚的外形來說，法國人最常吃眼睛長在頭頂的扁平魚，看起來都很像，但其實種類還不少。常見如比目魚(sole)、鰈魚(limande)、菱鮃(barbue)等，正式的餐廳裡，至少一定會有一道比目魚料理，這是對顧客的尊重。

❶ 藍帶的迪格雷黑式菱魚排
❷ 在斐杭狄學校CAP課程進化後的迪格雷黑式菱鮃魚排
❸ 茴香風味香煎鯛魚排，強烈的茴香味讓大部分同學不敢領教
❹ 由美乃滋衍生出的五種炸魚沾醬：香蔥美乃滋、塔塔醬、綠醬、橄欖油蒜泥醬及千島醬

2

Filets de barbue Dugléré

3

4

實用法語單字

Poisson	魚
Arête	魚骨
Fumet	魚高湯
Écailler	去鱗片
Étuver	淺式燜煮
Écumer	撈浮沫
Concentrer／réduire	濃縮
Concasser	切碎

自己動手做做看

迪格雷黑式菱鮃魚排(Filets de barbue Dugléré)

魚排與魚高湯
菱鮃 1隻(約2.2公斤)
洋蔥 50公克
紅蔥頭 150公克
奶油 20公克
香料束 1束
白酒 120毫升

配料
碎紅蔥頭 100公克
番茄丁 300公克

醬汁
白酒 100毫升
魚高湯 500毫升
奶油 125公克
荷蘭芹碎 2湯匙
白胡椒 酌量
鹽 酌量

(4人份食譜)

我·的·實·作·心·得

比這一堂課還早之前,曾經由Bruno主廚教過貝西鰈魚排(Filets de limande Bercy),那一堂課可以說是魚料理的基本功。首先把魚沿脊椎劃開,正反面總共取下4片魚排,再去皮,魚頭及魚骨洗淨後剁成小段,將魚骨以奶油、洋蔥、紅蔥頭、白酒和香料束,用冷水熬煮成基本魚高湯,切記湯不要煮上色,而且要一直撈浮沫。接著以紅蔥頭碎和魚高湯,用淺式燜煮法煮魚排,再濃縮魚高湯,最後用很多很多的切塊奶油,分次加入將高湯增稠成醬汁,再撒入荷蘭芹碎,就是基本的比目魚料理。

以這個基本功,將菱鮃魚排的部分,以切碎的洋蔥、紅蔥頭及番茄丁墊底,加入魚高湯,進烤箱180℃煮7分鐘左右魚就熟了。餘下的湯汁也是濃縮後加切塊奶油成醬汁,再撒入荷蘭芹碎,最後搭配橄欖形的馬鈴薯就完成了。

除此之外,藍帶初級班也教香煎鮭魚佐香蔥奶油醬、水煮青鱈佐荷蘭醬、黃金比目魚柳條佐綠醬、黃金鰈魚、陶罐魚漿片佐奶油醬,以及茴香風味香煎鯛魚排等。這些課程,在斐杭狄廚藝學校的廚師證照課程也都有教,這表示這些是法式魚料理中的基本菜色,也是傳統菜單。

貝西鰈魚排(Filets de limande Bercy),在台灣很少看到魚排折這樣排盤,讓人想起當兵折的棉被

版權考量,不便公開藍帶的食譜,提供法國公開網站的類似食譜,作為參考。

Boeuf bourguignonne

勃根地紅酒燉牛肉佐英式水煮馬鈴薯

法國人怎能少了
牛肉和馬鈴薯

　　有好幾道牛料理是由Frédéric Lesourd主廚教的，有些人也許聽過他，他在2011年4月到過日月潭的涵碧樓表演，還上了新聞。這位主廚有著難以捉摸的性情，時而很兇，時而跟學生打成一片，喜歡突然在學生旁邊拍桌子讓人嚇一跳，也會用中文跟你說：「你～在～做～什～麼？」或是「我～喜～歡～台～灣～」。因為這樣的緣故，當他走進初級班的示範教室時，大家就用力鼓掌，真是一位人氣相當高的主廚呢！

　　料理是一件相當費時的事，一道比目魚排，客人也許花20分鐘就吃完，廚師卻要花2小時做，其中1小時可能都還只是在殺魚和前置準備工作呢！一隻雞的前處理，扣掉殺雞拔毛那些肉販做的事，廚師還是要花30分鐘左右在燒、掏、綁及塞餡，然後才開始烹調。而我們現在要做的勃根地紅酒燉牛肉，需提前一天醃漬，放24～48小時後，再經過幾小時的煨燒，才能夠端上桌讓客人品嘗。

　　不管是燉的牛肉或烤的牛排，都要先將牛肉整修乾淨，表面的脂肪全部剔除，接著，筋和皮膜也剔除。要學習的除了刀工之外，還要會分辨脂肪和筋，兩者看起來幾乎一樣，因此要靠觸感，摸起來較鬆軟的是脂肪，較密實的是筋，剔除的脂肪直接丟掉，但筋和皮膜可是要留起來熬醬汁用的精華。光把一大塊牛肉整修乾淨就花了30分鐘了，而且剔掉的部分將近占重量的1/5～1/6，這都是顧客要買單的！

❶我做的勃根地紅酒燉牛肉佐英式水煮馬鈴薯 ❷Frédéric示範煎沙朗牛排

round courgettes. *round courgettes.*

勃根地紅酒燉牛肉(Boeuf bourguignonne)

醃料
紅酒 1瓶
干邑白蘭地 50毫升
紅蘿蔔丁 200公克
洋蔥丁 200公克
西洋芹 50公克
蒜頭 2瓣
香料束 1束
黑胡椒粒 20顆

主成分
牛肩肉 1.5公斤
花生油 30公克
奶油 20公克
牛高湯 150毫升
蒜頭 3瓣
濃縮番茄糊 1湯匙
麵粉 30公克
豬皮 酌量
白胡椒 酌量
鹽 酌量

配菜
蘑菇 100 公克
小洋蔥 150公克
培根 150公克
奶油 50公克
荷蘭芹碎 2湯匙
馬鈴薯切小塊 100公克
紅蘿蔔切小塊 100公克
白胡椒 酌量
鹽 酌量

(4人份食譜)

版權考量，不便公開藍帶的食譜，提供
法國公開網站的類似食譜，作為參考。

我·的·實·作·心·得

整修好的牛肉切成每塊50克大小，加入紅蘿蔔丁、洋蔥丁、西芹丁、香料束、大蒜、干邑白蘭地、紅酒及黑胡椒粒，放冰箱醃漬。24小時後，過篩取出牛肉瀝乾並使回到室溫，分開調味蔬菜，同時把醃用的酒單獨加熱。

接著，首先要把鍋子和油燒到很熱，這非常重要！取一塊牛肉在鍋中試探，如果立即可以聽到牛肉在熱鍋上「唱歌」(滋～滋～)，就表示溫度夠熱了。把肉整齊的一一下鍋，並用夾子一一翻面，使每一面都上色成功，並快速讓肉面緊縮以鎖住裡面的肉汁。如果過程中發現牛肉出汁太嚴重，也就無法再繼續上色，這時要把鍋子的汁倒掉，重新放油一切重來。

把肉上色完成，起鍋放一旁備用，用原來的鍋子炒調味蔬菜使其散發香味，加入濃縮番茄糊，再把肉放回來炒。接著放使湯汁黏稠的麵粉，加入小牛高湯及加熱好的紅酒，放入豬皮增加湯汁的膠質，加蓋進200℃烤箱，至少須烤2小時。

接下來的時間也不閒，有6種小東西要準備：

1.培根：冰凍切條後，去皮去軟骨，燙降低鹽分，再炒香瀝油備用。

小牛肋排佐香菇餡

老奶奶的小牛肉肋排　　　　烤牛肋排佐波爾多紅酒醬與普羅旺斯塞餡番茄　　　維也納煎小牛肉排佐番茄泥配麵

2.蘑菇： 洗淨瀝乾後，使用培根的殘油，煎起來備用。

3.小洋蔥： 用淺式燜煮法，以少量的水、奶油及鹽燜煮。重點是上色！上色的技巧是在湯汁快燒乾時，加入奶油使鍋子微焦，再加一點水並快速滾動小洋蔥，就可以使它變成焦糖色了，這也是烹調技巧中的「褐色上釉」(glacer à brun)。

4.馬鈴薯： 削成長形橄欖並煮熟，想省時間就要練刀工。

5.麵包丁： 將吐司去邊，切成麵包丁，用高熱奶油煎上色。

6.荷蘭芹： 取葉切成碎末。

一切都準備好，牛肉也出爐，過濾醬汁，預熱好盤子就可以開始組合。先放牛肉，撈點蘑菇、小洋蔥及培根，淋醬汁，撒麵包丁，撒蘭芹碎，擺馬鈴薯，裝飾點葉子，完成！主廚對我的菜相當滿意，我自己更是開心，這道經典法式料理的正統作法，總算被我學起來囉！

其他類似的菜色還有煨牛臀、馬倫戈燉小牛肉佐鬆軟馬鈴薯，及以白色醬汁為底的古早味燴小牛肉配奶油飯。

除了燉與燴之外，法國人也愛吃牛排，而且吃得很生！三分熟和五分熟是最常見的好吃熟度，對於亞洲人，這恐怕得適應一下。因為每塊牛肉的形狀及大小都不一樣，烤牛排的時間也就沒有絕對，200℃的烤箱，烤到肉的中心溫度到達45℃，即是五分熟；65℃就是全熟；每每主廚用手指一按，說：「這個可以了！」大家就趕快去用手指戳兩下，記住這個肉感。

還有一些不同的烹調法，如：老奶奶的小牛肉肋排、維也納煎小牛肉排佐番茄泥配麵，以及在斐杭狄學到用羊肚蕈菇做的小牛肋排佐香菇餡，都是法國人吃牛的經典菜色。

實用法語單字

Contre-filet	沙朗牛肉
Sauter	煎
Rôtir	烤
Mariner	醃
Parer	整修
Gras	脂肪
Tendon	筋
Bleu	三分熟
Saignant	五分熟
À point	七分熟
Bien cuit	全熟

我的逐夢手札

用法語學廚藝的確不容易，然而，當你看到這些法國經典菜色如紅酒燉牛肉、芥末兔肉出自你自己的手煮出來，那種成就感是不可言喻的。想到自己正在藍帶，想到自己正在巴黎，有正統的法國主廚指導，有道地的法國食材撐腰，再困難的刀工和語言困難也都能有熱情去突破，這就是逐夢。

令人繃緊神經的值日生考驗

在藍帶的排課裡，每個人都要輪流當值日生，值日生每次二人一組，一做就是一整週。校方通常在二週前就把值日生名單公告在公布欄，一定要記得去看，因為輪到值日生的基本要求，就是比其他同學提早15分鐘進廚房準備。

值日生的負責工作有哪些呢？

- ✅ 實作課15分鐘前，到地下室的冷藏室領取該組的食材，送到使用的廚房。
- ✅ 分配桌子的使用空間，到廚房裡的洗碗間拿砧板、鋼盆和鐵盤，分配給每個人。
- ✅ 協助主廚分配食材給大家。
- ✅ 離開前檢查所有爐火、烤箱是否關妥，冰箱是否遺留東西。
- ✅ 實作課結束後，歸還剩下的食材到地下室，依各類食材的定位擺回冰庫中。

由於地下室有助教分配食材，整籃裝好標上組別，因此值日生工作並不算太複雜。但一方面有語言上的障礙，一方面同學多是廚房新手，所以輪值日生總是令人緊張。有一次值日生鬧了這樣的笑話：到地下室拿食材的巴西人講的是法文，偏偏那邊的助教只會講英文；留在樓上廚房裡的另一名美國值日生對於主廚的法文則聽得霧煞煞，真是牛頭不對馬嘴！要是二個人互相對調，一切就完美了。

值日生最好熟記當天的食材分量，才不會大亂

我當值日生的那一次，是與一位漂亮的美國女生，隱約記得主廚在課堂上說要先擀酥皮麵團，再做澄清湯，所以搬食材進廚房後，為了把桌子先空出來擀麵團，我們就先不發砧板給同學，沒想到一位多事的同學卻在門口說：「砧板還是要發啊！而且桌子不乾淨！」原本桌子應由上一堂課的同學擦乾淨才離開的，遇到這種爛攤

❶ 這樣的準備，還不賴吧！
❷ 烤好的酥皮就是這樣搭配
湯吃的 ❸ 我的值日生夥伴，
漂亮的美國女生 ❹ 我做的蔬
菜丁澄清湯

子，我也只能拿起刮板幫大家清理桌子。

　　把麵團、奶油及起司冰入冰箱後，主廚和大家就進來了。這個時候突然發現有人沒位子站！原來，一位老是曠課的中東同學，今天意外地出現了，多嘴的同學又落井下石地說：「位子是值日生分配的啊！怎麼分配成這樣？」我們也只能紅著臉，趕快去多準備一個位子出來。偏偏這時發現地下室的助教給錯東西了，我們拿到了別組的酥皮麵團！真是禍不單行，丟臉丟大了，我只好硬著頭皮下去換。美國女生由於不懂法語，比較狀況外，還被某些同學譏為花瓶。

　　揉完了酥皮麵團，開始要做澄清湯，主廚告訴我：「高湯和所有食材，都應該事先按照分量分配給大家，一份包含2條紅蘿蔔、2條西芹、1根蔥、1顆番茄、1把豆子，白蘿蔔要切成9段，每人一段。」我趕快把食材分配給大家。這麼一折騰，當大家都已經開始切菜時，我才剛回到自己的位子，準備削皮而已，這就是值日生，得先為大家服務好，才能回到自己的位子作學生。幸好這一天接二連三的狀況，並沒讓我搞砸該練習的菜，課堂最後我做的澄清湯還是有「完美！」的評語。

　　經過這一次的教訓，我和美國女生都意識到當值日生並不如想像的輕鬆，必須比平常當一個學生，準備更加充分才行。於是在接下來的一堂課，課程是烤雞與朝鮮薊，我們把食譜裡每種材料的用量仔細看過，甚至都背到腦子裡了，對於烤雞要做的前處理和需要的設備也都清楚。一從地下室把我們組的食材搬到實作廚房後，馬上就幫大家把雞給「上刑台」了(便於燒去雞的雜毛)，也妥善分配好了每個人需要的食材。結果在門外排隊的同學一進來看到就「哇～」一聲，對於我們值日生的努力，總算給予肯定！

4

實用法語單字	
Responsable de Classe	值日生
Tableau	公布欄
Sous-sol	地下室
Chambre Froide	冷藏室
Assistant	助教
Planche	砧板
Calotte	鋼盆
Plaque	鐵盤
Ingrédient	材料，食材
Pâte Feuilletée	酥皮麵團
Consommé	澄清湯
Poulet rôti	烤雞
Artichaut	朝鮮薊

小牛肉捲讓我首次拿到優等

在藍帶的每堂實作課，主廚都會針對個人打分數，這樣的平時成績占學期總成績的45％，從衛生、組織能力、料理技巧、味道和擺盤等都列入評分，對於有志進入前5名的同學，這算是滿重要的一環。

這一天是藍帶初級的第11堂課，我們作法式家常小牛肉捲。小牛肉(veau)在超市的肉區一定都看得到，特色是幾乎沒有油脂，是很純粹的瘦肉，切成牛排大小嫩煎是最常見的作法。但是，今天作完這一道小牛肉捲，我才知道小牛肉要這樣吃才是王道啊！

首先作肉餡：用鵝油爆香紅蔥頭碎、大蒜碎，炒培根及蘑菇，光這個鵝油爆香的動作，就讓整個廚房味道超香的了。一旁另外準備盆子，用機器把小牛肉及豬肉絞碎，和肥油丁拌在一起，加入鮮奶油、干邑白蘭地、現剉的麵包粉、鹽和胡椒，連同上面爆香的料一起攪成肉餡。

❶主廚示範的法式家常小牛肉捲，與其說肉捲，肉丸可能更貼切 ❷超市肉架總是以牛肉、小牛肉、豬肉、小羊肉這樣分類 ❸我作的小牛肉捲斷面圖，肉餡裡有蘑菇和肥油丁，吃起來不乾澀，真是很棒的「肉圓」 ❹超市賣的罐裝鵝油，平常買回家炒菜不錯

接著把小牛肉排用剁刀拍薄，包入肉餡，裹上包油片，用棉繩綁成肉捲，用加了番茄糊的調味蔬菜煮過再進烤箱。出爐後，濃縮湯汁成醬汁，佐以削成橄欖形的紅蘿蔔及小洋蔥當配菜，就完成了！

當主廚示範完成，把肉捲發給每個人賞味時，我吃了一口就覺得心中有一股暖流流過～這……這味道不是我思念已久的彰化肉圓肉餡嗎？我終於在法國找到肉圓的味道了～感動！

到了實作課，小馬爺Marc主廚看我運氣不好地拿到了破爛的小牛肉排，肉捲會包不住，所以額外給我一片包油片，幸好這樣才不致於露餡。因為我已經把做法背進腦子裡了，所以作得蠻順的，可是，怎麼我的動作就是比其他同學慢。一直到我準備攪和肉餡，主廚指著我的肉餡，向旁邊的同學解釋就是該這麼做，我才鬆了一口氣。

主廚對我今天的作品似乎很滿意，打分數時嘴裡念著：「形狀Excellent(優)、熟度Excellent、醬汁Excellent、調味Excellent、配菜Excellent，整體都是Excellent地成功！」主廚接著又指著我這一盤跟同學說：「醬汁就是要像那樣！」

實用法語單字

Mie de pain／Pain de mie	麵包粉
Farce	肉餡
Graisse d'oie	鵝油
Lard gras	肥油片
Ficelle	棉繩

我的逐夢手札

這是我第一次得到優等的評價。實在是太令人開心了！看來藍帶並不是困難得讓人不敢來讀。

想實習就要聽實習說明會

實習，是所有到法國學廚藝的同學關心的議題，尤其到知名飯店或米其林星級餐廳實習，可以說是很多人來法國的目的。對平常人來說，知名單位的實習是很難申請的，對外國人尤其難，而藍帶在業界有許多合作夥伴，因此透過藍帶，連進入米其林三星餐廳都是可能的。

藍帶的實習是自願的，不實習並不影響畢業證書的取得。藍帶在初級班開課的一個月後即舉辦實習說明會，之所以如此早，並不是馬上要大家填志願，而是希望大家了解實習的資格和規定，也讓有意願的同學可以及早做準備，尤其及早開始唸法文。

1

實習資格

- ✅ 必須完成取得初級、中級和高級的三張證書，始有實習資格。三期課程可不連續，但必須正式畢業。
- ✅ 料理班畢業可獲得二個月的業界實習，甜點班畢業也是二個月的業界實習，雙修班則有四個月的實習。
- ✅ 必須出席初級班的實習說明會。
- ✅ 必須具有有效的學生簽證，如果你簽證到期日早於實習結束日，必須自行更新簽證或居留證。
- ✅ 必須具有法國人身保險(Assurance personnelle)。
- ✅ 必須具有在藍帶良好的出席紀錄。

相關規定

- ✅ 法文必須具備一定的水準，因為進入職場都是講法文的。話雖如此，仍是有些運氣好的同學能夠靠英文完成實習。
- ✅ 必須自行準備動機信(Lettre de motivation)和履歷表(CV)，法文或英文書寫視實習單位而定。
- ✅ 必須於料理高級班的第九堂課、甜點高級班的第七堂課，填妥實習表格並繳回。
- ✅ 實習生不可自行與實習單位聯絡，必須透過藍帶為中介。
- ✅ 必須與藍帶主廚面談，主廚根據你的法文程度、技術、實作成績等因素作評估，協助你填三個志願，並在畢業前一個月告知結果。
- ✅ 公布結果後，實習生必須到實習單位接受面試，並簽署實習協議。

❶Hôtel Plaza-Athénée ❷Hôtel de Crillon的餐廳Les Ambassadeurs ❸©Hôtel Hameau Albert 1er Chamonix Mont Blanc ❹Hôtel Four Seasons George V Paris

✅ 實習必須在畢業後一個月內開始。

✅ 實習開始後若半途放棄,將不再有實習資格。

藍帶提供的實習並不一定全在巴黎,法國的普羅旺斯也有合作單位,到巴黎以外省分的好處是有免費住宿,而且工作壓力沒有巴黎那麼大。而以企業規模來說,進入小餐廳,雖然沒有光環,跟同事的距離反而更近,也更有機會接觸廚房裡各個方面的工作,成長的幅度會很大。而進入大飯店的好處是對以後的履歷表很有加分效果,其次則是可以增廣眼界;壞處則是廚房裡複雜的文化及人際關係,而且實習生通常只輪得到雜事,很難有機會發揮。而米其林餐廳,好處當然是可以觀摩大師級作品,但偌大的名氣伴隨而來的就是工作的高標準,辛苦程度會比其他單位高出許多。

薪水方面,法國2個月以內的實習合約都是無薪的,伙食一般會提供,運氣好的

有車馬費補助。而以斐杭狄廚藝學校來說,實習分別有3個半月和6個月的,因此除非遇到投機的業主,否則大都有基本的實習薪資可以拿。依照法國法令,實習生的薪資是基本工資的1/3,相當於每月400多歐元。但斐杭狄就沒有藍帶服務這麼貼心了,實習必須靠自己找,只有四處碰壁後,才可以向學校尋求幫助。

我整理了找實習和找工作的情報搜集,也參考了一部分藍帶高級班提供的實習清單,提供給各位參考。(見P112~113)

實用法語單字

Stage	實習
Stagiaire	實習生
Convention	實習協議
Rémunéré	給薪的
Salaire	薪資
Congé payé	有薪休假

我的逐夢手札

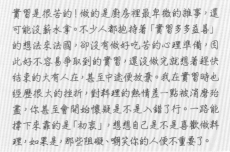

實習是很苦的!做的是廚房裡最卑微的雜事,還可能沒薪水拿。不少人都抱持着「實習多多益善」的想法來法國,卻沒有做好吃苦的心理準備,因此好不容易爭取到的實習,還沒做完就想着趕快結束的大有人在,甚至中途便放棄。我在實習時也經歷很大的挫折,對料理的熱情差一點被消磨殆盡,你甚至會開始懷疑是不是入錯了行。一路能撐下來靠的是「初衷」,想想自己是不是喜歡做料理,如果是,那些阻礙、嘲笑你的人便不重要了。

飯店類		
名稱	聯絡方式	備註
Hôtel Le Meurice	✉ 228 rue de Rivoli ,75001 Paris ☎ 01 44 58 10 10 http www.dorchestercollection.com/en/paris/le-meurice	米其林三星的餐廳，團隊共有70人，主廚為Yannick Alléno，同時也是台北STAY & Sweet Tea的老闆。
Hôtel Bristol	✉ 112, rue du Faubourg Saint Honoré, 75008 Paris ☎ 01 53 43 43 00 http www.oetkercollection.com/destinations/le-bristol-paris	米其林三星的餐廳，主廚為MOF的Eric Fréchon，甜點主廚為Laurent Janin。
Hôtel Four Seasons George V Paris	✉ 31, avenue George V, 75008 Paris ☎ 01 49 52 70 00 http www.fourseasons.com/paris	米其林二星的餐廳，團隊共有70人，主廚為MOF的Eric Briffard，廚房裡法文為主，但也講英文、西班牙文和日文。
Restaurant Le 16 Haussmann Hôtel Ambassador	✉ 16, boulevard Haussmann, 75009 Paris ☎ 01 44 83 40 82 http www.marriott.fr/hotel-restaurants/paroa-paris-marriott-opera-ambassador-hotel/16-haussmann/5521930/home-page.mi	團隊約為18人，主廚為Michel Hache。
Alain Ducasse au Plaza Athénée. Hôtel Plaza-Athénée	✉ 25, avenue Montaigne, 75008 Paris ☎ 01 53 67 66 65 http www.dorchestercollection.com/en/paris/hotel-plaza-athenee	米其林三星的餐廳，是名廚Alain ducasse的餐廳，目前由主廚Christophe Saintagne領導約23人的團隊。
restaurant Les Ambassadeurs Hôtel de Crillon	✉ 10, place de la Concorde75008 Paris ☎ 01 44 71 15 00 http www.rosewoodhotels.com/en/hotel-de-crillon	米其林一星的餐廳，料理團隊20人，甜點團隊10人，主廚為Christopher Hache。目前飯店進行整修至2015年
Hôtel Westminster	✉ 13, rue de la Paix, 75002 Paris ☎ 01 42 61 57 46 http warwickhotels.com/westminster	米其林一星的餐廳，主廚為Christophe Moisand。
Café de la paix Hôtel Paris le Grand	✉ 2, rue Scribe, 75009 Paris ☎ 01 40 07 32 32 http www.cafedelapaix.fr/fr/index.php	料理主廚Christophe Raoux，甜點主廚Dominique Costa。
Sur Mesure par Thierry Marx Mandarin Oriental	✉ 251 rue Saint-Honoré, 75001 Paris ☎ 01 70 98 78 88 http www.mandarinoriental.fr/paris	文華東方酒店，為少數東方味濃厚的法式餐廳，由2012年剛獲得米其林三星的主廚Thierry Marx帶領。
Hôtel Hameau Albert 1er Chamonix Mont Blanc	✉ 38 route du Bouchet, 74400 Chamonix Mont Blanc ☎ 04 50 53 05 09 http hameaualbert.fr	位在阿爾卑斯山上，夏慕尼鎮的米其林二星餐廳。主廚為Pierre Maillet。
餐廳類		
名稱	聯絡方式	備註
Atelier etoile de Jöel Robuchon	✉ 133, avenue des Champs Elysees 75008 Paris ☎ 01 47 23 75 75 http www.joel-robuchon.com/fr/	名廚Jöel Robuchon位在巴黎的米其林二星餐廳，由主廚David Alves與Yosuke Suga帶領15人的團隊，包括各種國籍。
La Tour d'Argent	✉ 15 quai de la tournelle, 75004 Paris ☎ 01 43 54 23 31 http tourdargent.com	老字號的米其林餐廳，從1933年就一直被評為米其林三星，直到2006年已經變成米其林一星，2011年起的現任主廚是MOF的Laurent Delabre。
L'Ambroisie	✉ 9, place de Vosges, 75004 Paris ☎ 01 42 78 51 45 http ambroisie-paris.com	米其林三星餐廳，主廚為Bernard & Mathieu Pacaud。

名稱	聯絡方式	備註
Taillevent	✉ 15 rue Lamennais, 75008 Paris 📞 01 44 95 15 01 🌐 taillevent.com	原為老字號的米其林三星餐廳，2007年開始已是一星餐廳，料理主廚Alain Solivérès帶領20人團隊，甜點主廚Arnaud Vodounou帶領4人團隊。
La Maison Blanche	✉ 15, avenue Montaigne, 75008 Paris 📞 01 47 23 55 99 📞 01 47 23 60 07 🌐 www.maison-blanche.fr	原為米其林三星主廚Jacques & Laurent Pourcel經營的餐廳，目前由Nepple Herve主廚帶領40人團隊。
Restaurant Mirazur	✉ 30, avenue Aristide Briand, 06500 Menton 📞 04 92 41 86 86 🌐 www.mirazur.fr	位在南部普羅旺斯的海邊餐廳，米其林二星，主廚Mauro Colagreco曾服務於名廚Alain Ducasse 的Hôtel Plaza-Athénée，是只有7人但包括各國籍的團隊。
Le pont de l'Ouysse	✉ 46200 Lacave 📞 05 65 37 87 04 🌐 www.lepontdelouysse.com	這是一座山上的城堡餐廳，位在西南地區，米其林一星主廚Daniel與Stéphane Chambon精通鵝肝料理。

甜點類		
名稱	聯絡方式	備註
La grande Épicerie du Bon Marché	✉ 38, rue de Sèvres, 75007 Paris 🌐 www.lagrandeepicerie.fr	約30人的團隊，大型生產中心，位於Bon Marché百貨。
Pâtisserie le Quartier du Pain	✉ 270, rue de vaugirar, 75015 Paris 📞 01 48 28 78 42 📞 01 56 08 22 67 🌐 www.lequartierdupain.com	由MOF麵包師Frédéric Laros所開的店，在巴黎共有5間，其中這間離藍帶不遠。
Pâtisserie le Triomphe	✉ 95 rue d'Avron, 75020 Paris 📞 01 43 73 24 50 🌐 letriomphe.net	由Clouet與Thuillier帶領的25人團隊，製作甜點、巧克力、冰淇淋和各種小點心，英文能通。
Pâtisserie du Café Pouchkine	✉ Printemps de la Mode 64, boulevard Haussmann 75009 Paris 🌐 cafe-pouchkine.fr/produits.php	由甜點MOF的Emmanuel Ryon帶領的13人團隊，曾是1999年的世界甜點大賽冠軍，以莫斯科風味著名。
Pierre Hermé	✉ 185 rue Vaugirard, 75015 Paris 📞 01 47 83 89 96 🌐 www.pierreherme.com	法國首屈一指的馬卡龍大師Pierre Hermé甜點店，雖然巴黎有很多分店，但廚房只在Vaugirard和Bonaparte，團隊將近30人。
Ladurée	✉ 75, avenue des Champs Elysées, 75008 Paris 📞 01 40 75 08 75 🌐 www.laduree.fr	知名馬卡龍名店，光是巴黎就有15間店，擁有龐大的團隊。
Fauchon	✉ 78 , rue Moulin des Bruyères, 92400 Courbevoie 📞 01 70 39 38 00 🌐 www.fauchon.com	巴黎知名的甜點及食品店，廚房在大巴黎92省，製作馬卡龍和各類小點心，偏好法文好的實習生。
Raynier Marchetti	✉ 13 rue Pierre Nicolau, 93582 Saint-Ouen Cedex 🌐 www.rayniermarchetti.fr/index2.asp	位在大巴黎93省，主廚Hugues Poujet是2003年的法國甜點大賽冠軍。
Angelina	✉ 226 rue de Rivoli, 75001 Paris 📞 01 42 60 88 50 🌐 angelina-paris.fr	知名巧克力和甜點店，由茶館開始的百年老字號。甜點主廚Sebastien Bauer曾在Ritz、Bristol和 Pierre Hermé服務，英語能通。
Carl Marletti	✉ 51, rue Censier 75005 Paris 📞 01 43 31 68 12 🌐 www.carlmarletti.com	甜點主廚Carl Marletti是2011年的巴黎十大甜點師之一，曾在Grand Hôtel的Café de la paix服務，其檸檬塔被評比為巴黎第一。

期中筆試和期末實作來了，真是捏把冷汗

藍帶料理初級共有30堂課，在第25堂課後會舉行唯一的一次筆試考試，雖然占比不重，但緊張的氣氛也讓人捏了一把冷汗。怎麼說筆試占分不重呢？因為成績計算方式如下：

- ✐ 平時分數：45%
- ✐ 筆試：10% (單選20題；是非10題；連連看2題)
- ✐ 期末實作考試：45% (其中10%為食譜填空六選一；90%為實作菜單十選一)

期中筆試

這一天的考試，除了那10%的筆試，也考那4.5%的食譜填空，範圍包括所有上課講過的知識、理論課程講義內容，以及補充教材裡的259個法文字彙(英文字彙)。由於考卷也是雙語的，所以可以選擇一種語言好好唸就好。

至於食譜填空，學校有給題庫，考卷上的食譜在某些食材、某些數量是空白的，在空白處填上正確的食材及數量就可以，不算太難，但卻讓人很緊張。好玩的是，每個人拿到的食譜填空都不一樣，想偷看隔壁可要小心別搞錯了。

考試開始前，每個人排隊進教室，抽一張號碼，坐到指定的號碼座位上。行政小姐特別聲明：如果有舞弊的行為，將會直接退學，偏偏我旁邊就坐了個阿三，一坐下來就跟我說：「待會你幫我，我也幫你啊！」我心想，他可是出了名的混的！能幫我什麼啊！結果考試中途他偷瞄得太誇張，被行政小姐叫去坐別的座位，笑死我了～

想要把食譜填空背好，最好就是靠視覺、味覺和對事件的記憶。平常上課把那道菜的照片好好拍，考前拿出來看，記住它的樣子，記住它有什麼配菜，醬汁的稠度及顏色，這樣至少腦袋裡可以寫出一些材料來，也可以大致推導食材的數量。味覺可以用比較的，例如小牛肉加的白酒是100ml，那麼鯖鱈那一鍋濃濃酒味的湯可能就有200ml的白酒，兔肉酒味少一點則可能為50ml。事件的記憶例如：荷蘭醬被我搞砸三次才做成功，所以我深刻記得當時需要的是3顆蛋黃＋45ml的水，180ml的澄清奶油還是主廚協助我攪拌的呢！當然，在腦袋裡重新模擬整套菜的步驟，一定是有幫助的。

我認為較重要的食譜：

出處	菜名
第5課	油酥鹹派皮與洛汗鹹派(Pâte levée salée：Quiche Lorraine)
第9課	烤雞佐什錦蔬菜與朝鮮薊(Poulet rôti, jardinière de légumes et des fonds d'artichaut)
第13課	芥末兔肉佐生炒馬鈴薯片(Lapin à la moutarde, pommes sautées à cru)
第14課	水煮青鱈佐荷蘭醬(Tronçons de colin pochés, sauce hollandaise)
第18課	馬倫戈燉小牛肉佐鬆軟馬鈴薯(Sauté de veau Marengo, pommes fondantes)

artichaut poivrade

dépourvu de foin, à manger cru ou cuit

origine : FRANCE
La Botte
catégorie :
calibre :
2 € 95

普羅旺斯朝鮮薊(Artichaut poivrade)，產於普羅
旺斯，考試沒有考，但南法菜很常出現

至於筆試的選擇題、是非題及連連看，幾乎都是從那259個字彙定義出題，所以那些定義都相當重要！例如：chemiser、fraiser、habiller、passer、meringue、canneler及détremper，都有考出來。而有一題連連看，考的是各種增稠劑用在哪些食譜中，例如：beurre manié、crème pâtissière及crème+jaunes d'oeufs，想要答得正確，1～25課的所有食譜全都得好好看，這準備工作也著實不輕。

期末實作考試才是重頭戲

由於期末實作考試占總成績的45%，因此相對重要的多，如果搞砸了，很有可能就升不了級。相關規定如下：

1. 考前三週，校方公布幾道實作過的菜色，這就是題庫！考試當天根據你抽中的籤，把那一道菜完成。

2. 考試當天，廚房裡只會有兩種籤，抽中Ａ籤的4～5人作Ａ菜色，其他抽中Ｂ籤的人作Ｂ菜色。

3. 筆記及小抄是禁止攜入的，抽籤後會發一張食譜，列著該道菜的食材清單及用量，但沒有作法。

4. 時間限制2小時30分鐘完成，包含所有的工具清洗及整理，遲交每分鐘扣2%成績。

5. 完成的作品不能帶走。(留下給三位主廚打分數)

6. 評分標準：流程的組織能力、刀工、烹飪技巧、擺盤裝飾、熟度及味道。

❶考試前，大家在花園臨陣磨槍，有人還做了字卡在背呢 ❷實作課做的烤鴨 ❸藍帶發的專有名詞解釋，定義可要好好背清楚了 ❹後來在斐杭狄做的烤鴨，考試時這就是標準擺法

我建議多加強練習的食譜

出處	菜名
第9課	烤雞佐什錦蔬菜與朝鮮薊(Poulet rôti, jardinière de légumes et des fonds d'artichaut)
第15課	迪格雷黑式菱鮃魚排(Filets de barbue Dugléré)
第21課	老奶奶的小牛肉肋排(côtes de veau grand-mère)
第22課	烤嫩鴨佐白蘿蔔(Canette rôtie aux navets)
第25課	義式風味蔬菜龍蒿滷嫩雞(Poulet sauté à l'estragon, légumes pressés à l'italienne)

7.無論抽到哪道菜，都要額外處理一顆朝鮮薊(Artichaut)，將它削好，用正確的烹調法煮熟，交出去。

當天，大家一如往常地在排定的廚房門口等候進入，主廚拿出一袋塑膠硬幣說：「抽中黃色的做老奶奶的小牛肉肋排，藍色的做烤嫩鴨佐白蘿蔔。」我抽到的是烤鴨。

監考的主廚只有一位，旁邊有一位助教協助，考試中途會有從外面邀請來的主廚在門口觀察。有些人選擇先處理朝鮮薊再專心做主菜，我則相反，先處理烤鴨。這一天的鴨比平常的難處理的多，羽毛沒有拔乾淨，腳也還在，應該是主廚故意的吧。如果像平常一樣只是用火槍燒一燒，恐怕很難把毛完全除乾淨，所以我花了很多時間在拔毛，拔完毛便開始把鴨煎上色並進烤箱，然後燒醬汁，有空檔才開始處理配菜。把小洋蔥剝好煮熟且煎上色，再把白蘿蔔削成橄欖形，煮熟且上色，鴨子中途二次翻面，我和旁邊二位同學很有默契的同進同出，最後燒出的醬汁味道也還不錯。

處理朝鮮薊起碼要預留30分鐘，削好並不難，但放到麵粉水裡煮則要花較多時間。最後，大家懷著忐忑不安的心，把完成的作品做好留在位子上，收拾好所有的器具就離開廚房了，如果有帶相機，趕快趁機拍照。

一出廚房，每個人如釋重負，總算完成嚇死人的實作考試。但一經討論，就開始有人叫了：「我忘了斬下鴨翅膀！」「我的小牛肉不知道有沒有熟……」「我的醬汁燒過頭了，慘了……」還有同學把朝鮮薊削成飛盤，為此懊惱不已(正常為像一個厚度3cm的杯座)。至於我的烤鴨，我有點擔心它不夠熟……。

藍帶很殘忍的一點是：沒有報名中級班的人，考完試當天就要清空置物櫃，好讓校方整理來給新的學員使用。所以，考完試我就把我的所有制服、刀具及容器，全都打包好，跟藍帶說掰掰了。趕學生的手腳真是快，絲毫不能有一絲閒置，就跟廚房的排課表一樣。如此匆忙，讓我連感傷的時間都沒有。

就這樣考完了試，也結束了藍帶初級班的課程

初級班結業了！
帶著歡樂與淡淡不捨互道別

藍帶料理初級的最後一堂示範課，準備的菜色就像是為了同樂會設計的一樣，挪威冰沙蛋糕與香料烤小羊排佐春天時蔬及塞餡番茄。挪威冰沙蛋糕是把烤好的小酥餅鋪在下層，放上冰沙，裏上118℃的糖漿與打發蛋白做成的蛋白霜，用火槍燒上色，撒杏仁片及糖粉完成的。主廚特地淋上白蘭地，關燈點火上演火燒蛋糕秀！香料烤小羊排佐春天時蔬及塞餡番茄，是以調配好的香料(麵包粉、荷蘭芹碎、蒜碎、百里香、普羅旺斯綜合香料、奶油、橄欖油、鹽和胡椒)，塗上小羊肋進烤箱烤。搭配蘑菇塞餡的小番茄、醋栗小白蘿蔔和蜂蜜小紅蘿蔔。

歡樂結業，要各奔前程囉

學校準備了香檳，讓主廚與我們開香檳慶祝，吃著羊排和蛋糕，其實並沒有太多離情依依，歡樂的氣氛大於感傷，同學們和往常一樣下了課就換衣服離開，沒有大合照有點可惜。我們這組9個人，以色列女生因缺席過多而喪失升級資格；泰國人要

回曼谷唸藍帶中級班，順便管理他的泰式餐廳；兩位美國人要回國過他們原本的生活，他們說會把藍帶制服掛起來，當作紀念；另一位美國女生將會轉到甜點班；巴西人向藍帶提出打工申請成為助教；我則要去巴黎六區的斐杭狄廚藝學校，開始上CAP(Certificat d'Aptitudes Professionnelles de cuisinier)課程。只剩我的中國好友和德國好友會留下來唸中級班。

結業典禮的會場就在我們藍帶的中庭花園，這個中庭花園真是多功能！開學分發、吃飯、聊天、唸書、照鏡子、美食節、拍賣會及典禮會場全包了。不免俗地由校長先致詞，接著，由料理初級班最熟

❶畢業，少不了要丟帽子啊，廚師帽當然也可以丟 ❷左起Cotte主廚、Thivet主廚、Terrien主廚和我 ❸Bruno Stril主廚講評期末考的成績狀況 ❹終於領到藍帶的證書了，感動！❺香料烤小羊排佐春天時蔬及塞餡番茄

悉的主廚Bruno Stril講大家期末考的成績狀況，甜點班則是由主廚Xavier Cotte和Jean-François Deguignet講評，每個人也領到了整個初級的成績，包括平時成績、筆試成績及期末成績。每位同學會被一一唱名叫上台領證書，旁邊有專業攝影師幫你和主廚留影，照片可以上網購買，不便宜呢！每張16歐元。

接下來公布料理班的前五名和甜點班的前五名，這一期甜點班的前五名中，有一名是台灣女生呢！頒完獎後，原本的示範教室設有點心及飲料，讓大家移師過去宴會一番，不過，建議別跑得太快唷，難得主廚們齊聚一堂的場合，這可是和主廚們拍照的最佳時機呢！

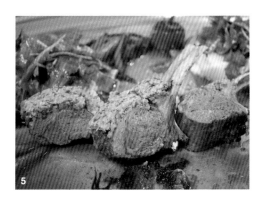

LE CORDON BLEU

⑤藍色領巾的助教正在幫忙把主廚們作的甜點拿出來給大家享用 ⑥如果有幸將三期課程皆完成，畢業典禮將是在藍帶外租的高級場地舉行 ⑦期中聚餐與同學和主廚的留影

① 唯一的大合照是開學沒多久拍的，由學校贈送給同學作紀念 ②漂亮的中庭花園是我們結業典禮的會場 ③Bruno主廚與我的同學們 ④離藍帶最近的地鐵站，總是能發現同學在酒吧裡

6

我的逐夢手札

回想起廚房裡某個角落的位置，拿到特優的小牛肉捲、燒壞了的荷蘭醬、被讚美為藝術家的擺盤、搞砸了的千層。我總是把筆記貼在牆上，磅秤擺在我身後，刀具放在右手邊，相機藏在架子上，有一次還差點被爐子烤熟。當然，未來我還有得是機會待在廚房，但這裡，我夢想的巴黎藍帶廚藝學校，以後只能當回憶了。希望有一天我的廚藝精進時，回想起我在這裡笨拙的刀工和菜葉的烹飪技巧時，會記起這一切美好，發出會心的一笑。儘管有人說藍帶的商業行銷，讓人覺得像學店，有錢就能入學，畢業也不是太難。但我相信只要有心，在藍帶一樣可以很用功，將來有成就，藍帶多多少少在你的光環上加持了一點光，更重要的是，它曾是一個夢想，一個一生一定要來過的地方。

7

École Grégoire Ferrandi

廚藝殿堂：斐杭狄廚藝學校

斐杭狄這個名字，原本並不在我的夢想藍圖裡，就像依循著蒙娜麗莎的畫像，卻發現倒金字塔底下蘊藏著更大的祕密，把我的夢想朝更大的冒險推進。

CAP證照班提供給專門技術工作者

我為何選斐杭狄(Grégoire-Ferrandi) CAP證照班

除了註冊巴黎藍帶廚藝學院的課程，我也申請了巴黎斐杭狄廚藝學校的CAP證照班，去接受CAP de Cuisinier的訓練。什麼是CAP呢？這個字是Certificat d'Aptitudes Professionnelles的縮寫，意指在某項專門職業的能力上通過教育認證，是法國技職體系最基本的文憑，不但能增加企業主對你工作能力的信任，也是日後自行創業的基本證書。CAP除了有廚師的項目以外，還有甜點、麵包、巧克力、冰淇淋、水電、理髮、皮革、針織及木工等，雖然是針對高職生的教育學程，卻也接受在職人士或成人轉業的進修，因此法國許多職業學校包括廚藝學校都有針對CAP考試開設證照班。

藍帶有很優秀的師資，在亞洲相對的比斐杭狄有名；斐杭狄則是法國人普遍知道的名校，但台灣市面上的書全然沒有這間學校的資訊。近年來拜網路論壇之賜，加上幾位斐杭狄畢業生在台灣和韓國上了電視和雜誌，這間學校才逐漸被大家認識。斐杭狄是一所綜合工藝學院，由巴黎商業工業工會(Chambre de Commerce et d'Industriede Paris，縮寫CCIP)興辦的三所學校之一。位在巴黎六區的精華地段，卻擁有占地二萬平方米的空間土地，甚至還有個寬大的中庭，儼然是個校園，許多巴黎名店如Pierre Hermé及Fauchon等都是學校的企業夥伴。

比起藍帶，斐杭狄的課程有較扎實的實作練習，實習的時間也比藍帶長許多。藍帶必須唸完九個月的課程，才能申請二個月的無薪實習；斐杭狄則在三個半月的課程後，就可以有長達三個半月的實習。

學費方面，斐杭狄也比藍帶便宜。藍帶料理初級班三個月的課程就已經要台幣35萬元(總共210小時)；而斐杭狄CAP廚師課程四個半月28萬元(包括330小時的實作課，180小時的理論課，14週的實習，40餐的供應)，C/P值差了3倍之多。

CAP考試非常的多

CAP考試由國家舉辦，考試科目包括：

- Technologie professionnelle(專業技術)
- sciences appliquées(科學應用)
- connaissance de l'entreprise (商學及企業認知)
- prévention sécurité et environnement (環境及安全預防)
- commercialisation de la production culinaire(烹飪產品之商業化)
- Français(法語)
- Histoire-Géographie(歷史和地理)
- Mathématiques(數學)
- Physique-Chimie(物理和化學)
- Anglais(英語)

❶收到斐杭狄的第二階段面試通知 ❷課程簡章 ❸之前斐杭狄的官網首頁，讓人忍不住想成為這間學校的學生 ❹4號線的Saint-Placide站是離斐杭狄最近的地鐵站 ❺休息時間的校門口總是擠滿了學生

這樣的考試，很嚇人，除了英文這一科以外，全都用法語考試，不只實作考試讓人緊張，如何用法語通過所有學科考試才是讓人真正頭大的問題。法語、歷史、地理、數學、物理和化學統稱為通識課程(domaine général)，為一個法國高中畢業生必須具備的程度，這對我們本來是不難的，但全都用法文考就讓人頭皮發麻了。斐杭狄把這些課程歸類在選修，可以在錄取後再決定選不選，當然，選了就要付額外的學費，通識課程1,565歐元/90hs，英文課795歐元/48hs。學校也會在面試時安排筆試測驗，成績不夠優秀則有可能被「建議報名」，畢竟斐杭狄也想守住它一直以來畢業生100%考取CAP的考取率。

CAP證照班也會舉辦招生說明會

CAP證照班原本是開給法國成人的課程，因此在招生上並不特別歡迎外國人，報名表並非洽詢就可取得，而是要透過兩種途徑：

1. 必須親自到校參加說明會，才可以領取報名表。

2. 無法參加說明會的人，必須透過電話，以法語說服承辦人對此課程的動機和學習能力，才能收到報名表。

在2010年時，說明會一年只有2場，2012年已經增加為10場，場次時間為10月起到隔年1月，最好密切注意學校官網發布的說明會消息。另外，學校每年也有「校園開放

巴黎最高樓──蒙帕拿斯，及雷恩大道，可以說是六區精華地段的代表

斐杭狄校園，可以看到不同科系的人穿著各種不同的制服

校園開放參觀日公告，消息約在活動
2週前從官網釋出

參觀日」，雖然不是針對國際班或CAP證照班舉行，但也是個可以在行政人員帶領下參觀學校、餐廳及廚房的好機會。

在說明會上，每個人可以拿到一本厚厚的課程簡章，但其實裡面講CAP課程只有2～3頁，其他都是學校另外開的單元課程。說明會大約3個小時，廚師、甜點師和麵包師CAP的說明會是一起的，通常一場人數大約80人，多數都是法國人，就算不是法國人，也都是法語相當溜的人。主持人用投影片詳細的介紹過一輪後，就是大家的發問時間，接著有興趣的人就可以領取報名表回家填寫，之後再把資料備齊，以通訊方式報名。

報名CAP證照班須準備以下資料

- 法語鑑定文憑DELF B1合格證書影本1份，或TEF 361～540分成績單影本
- 個人履歷1份(法文版)
- 護照及居留證影本1份
- 法國社會保險證明影本1份
- 照片1張
- 大學畢業證書影本1份(英文版)，或具有法國教育niveau 5之畢業證書

以上最難搞的應該是DELF B1文憑，另一方面，報名資格並未限制必須是唸過廚藝科系，也不須有相關職場的工作經歷(但如果有，當然錄取率大些)。而報名表裡的4個提問，等於就是在寫動機信：

1.解釋為什麼您要選這個課程？
2.您對於這個領域的了解有哪些？
3.您有這方面的職場相關經驗嗎？若有，請描述。
4.完成這一套課程的學習後，您對未來的規畫為何？

這些問題相當重要並且不容易回答，請各位小心應答吧！除此之外，就是一些基本資料的填寫而已。寫完報名表，連同備齊的各式文件，以掛號寄給學校，就可以等候第一階段的甄選結果通知。

通過第一階段甄選，第二階段是面試及筆試

法語Convocation的意思即是「面試通知」，當你收到這一封信時，表示通過第一階段甄選了。算一算，從報名截止到收到面試通知，大約只有2週時間的等待。通知書上會註明「面試時間是一個月後，需空下半天的時間。」就這樣，面試如何進行？做些什麼？有沒有筆試？上面都沒寫。

你想像中是一對一的面試嗎？哈哈～我面試那天可刺激了！會議室裡共11名候選者，1名主持人，2名主廚旁聽。主持人介紹了CAP考試及今日的流程後，所有候選者便開始當著所有人的面，用法語作自我介紹，介紹須包括名字、基本資料、職業、目前情況及未來的計畫，每人大約10分鐘。自我介紹時，只見3名主考官不停地在筆記本上作註記，有時主持人也會突然問你問題，所以我建議主動多講一些，以免資訊不足被主持人問問題，又等於是在測試你的法語聽力了。

接著，每個人拿到一本試題，試題用來測驗你對通識課程及英文的程度。雖然主持人說成績僅用來當作是否加選課程的參考，不會列入甄選成績，但還是不免讓人有所聯想。

1.第一大題是閱讀測驗：一篇大約300字的法文報章雜誌報導，標題是「一場獨一無二的餐飲博覽會」，一名記者介紹這場博覽會的由來及參與廠商，讀完之後回答6個簡答題。

2.寫作測試：模擬的情況是你的主廚派你去參加這個博覽會，你要把所見所聞記下來，寫一封信請他報告，並加入自己的觀點。(所以如果第一大題的報導沒看懂的，就要翻回去再精讀幾遍。)

3.數學：簡單的加減乘除，只有國小程度。法國人好像真的不擅長數學，有個考生在會後跟我抱怨數學很難⋯⋯。

4.應用問題：是一個買東西折扣的問題，給你未稅前的折扣%、加稅及付款方式享有的額外優惠，寫出計算結果並解釋，這種題目要小心敗在法文看不懂。

5.食譜配方：給你一份8人份的食譜，要你做5人份的菜，算出每種材料所需的量。

6.英文：10題簡單的打招呼和生活用語，用到現在式、過去式、現在進行式、過去完成式等國中文法。

考試是沒有時間限制的，中途每個人依序被主廚叫去隔壁單獨面試，主要問的是動機，為什麼選斐杭狄？如何知道斐杭狄？以及查驗你的應繳文件是否齊全。然後主廚會要你提問題，記得準備1、2個好問題啊！

雀躍的時刻：
我錄取囉～

大約在面試後一週，我便接到斐杭狄的電話錄取通知，二週後收到正式書面錄取通知！錄取通知上表示須在一個月內，完成學費10%的預繳費，註冊才算完成。衣服及全套刀具若由學校代購為350歐元，教科書70歐元，如果要額外在學校用餐，每餐是5.8歐元。

開學！邁入另一個受訓階段

開學前的準備

不像藍帶交了學費就幫你把制服和刀具都準備好，斐杭狄的CAP課程是在開學前由校方寄給學生準備清單，讓學生自行採購開學所需的物品，包括：

- ✓ 一張書單(4本教科書的資訊)
- ✓ 一張刀具工具清單(約30種刀具器材，及3間廚具店的估價單)
- ✓ 一張製服品項清單(上衣、褲子、安全鞋、帽子、圍裙及抹布)

4本教科書大多能在著名的書店「Gibert」找到，如果在廚具街的「Librairie Gourmande」買，憑廚藝學校學生證或註冊證明還可以打9折。

- ·《Technologie culinaire BEP》
  ISBN：978-2-85-708341-2
- ·《La cuisine de référence》
  ISBN：978-2-85-708360-3
- ·《Prévention Santé Environnement》
  ISBN：978-2-216-11484-9
- ·《L'anglais en 10 leçons-cuisine》
  ISBN：978-2-85-708241-5

前3本是上課一定會用到的，第4本則是英文課所需，但英文課其實有另外發的講義，這本書可以不必買。

這些是學校建議的刀具和工具，但並不強制購買，學校也提供3間參考的廚具店，分別是MORA、EUROLAM及LEJEUNE，

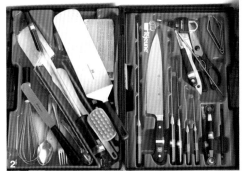

❶4本教科書 ❷藍帶的WÜSTHOF刀具，不足的再以LEJEUNE補上

3間店對於這一整組刀具的估價分別是405歐元、217歐元及159歐元，價差相當大，學生可以自行根據品牌和價錢作選擇。以MORA來說，它就在蒙馬特路的廚具街，很近，但它卻是三間裡價格最高的。而最便宜的店家LEJEUNE，則是在巴黎北邊郊區92省，一個工廠直營的廚具製造及批發商，把清單直接交給老闆就可以配好整組刀具所需的一切，店裡還有機器可以現場做、改廚具呢！

❶BRAGARD現場有各個學校的學生來採買及試穿 ❷LEJEUNE的內部就像個五金賣場 ❸第一堂課教各種配菜的烹調法，即便沒有魚和肉，也要發揮美感作擺盤訓練 ❹12人為一組的廚房團隊

CAP廚師課程應準備之刀具工具組

中文名稱	法文名稱	數量
綁針(25公分)	Aiguille à brider taille 25 cm	1
打蛋器(30公分)	Fouet inox 30cm souple	1
主廚刀(23公分)	Eminceur inox 23cm	1
小事務刀(9公分)	Couteau d'office	1
魚片刀(25/28公分)	Filet de sole inox 25/28cm	1
蔬菜削皮刀	Econome	1
肉叉	Fourchette droite inox diapason	1
料理剪刀	Ciseau à poisson	1
磨刀棒(40公分)	Fusil pro mèche ronde 40cm	1
耐熱鍋鏟(30/35公分複合玻璃纖維)	Spatula hêtre ou exoglass 30/35cm	1
挖溝器	Canneleur	1
果皮削刮刀	Zesteur	1
挖球器	Cuillière pp 22 pomme parisienne	1
不銹鋼套筒	Douilles inox(A7 , F8 , C15 , Ø10 , Ø6)	5
有齒不銹鋼套筒	Douilles cannelée Ø12	1
電子秤	Petite balance électronique	1
毛刷	Pinceau	1
甜點裝飾夾(派皮用)	Pince pâte	1
魚刺夾	Pince à désarêter le poisson	1
塑膠刮板	Corne	1
不銹鋼抹刀(15公分)	Spatule inox droite 15cm	1
彎形抹刀(21公分長,8公分寬)	Spatule couder inox 21cm sur 8cm de large	1
耐熱矽膠刮刀	Maryse résistante à 250℃ en silicone 35cm	1
鋸齒刀(28公分)	Couteau scie entremet 28cm petites dents	1
去骨刀(13公分)	Désosseur 13cm	1
刮鱗器	Ecailleur à poisson petit modèle	1
夾子(烤肉夾)	Pince américaine multi usages moyenne taille 25/30cm	1
湯匙	Cuillère à soupe	1
小湯匙	Cuillère à café	1
叉子	Fourchette	1

CAP廚師課程應準備之制服

中文名稱	法文名稱	數量
上衣(須繡姓名與校名)	Veste avec broderies	2
黑白格紋長褲	Pantalons pied de poule noir et blanc	2
白色抹布	Torchons blancs	2
白色無口袋圍裙	Tabliers sans poche blanc avec bavette	2
白色安全鞋	Chaussures blanches de sécurité	1
白色小帽	Charlotte ou Toque blanche basse	1

制服和刀具一樣，雖然規格開得頗細，但對於顏色和樣式並不會很嚴格要求。學校同樣提供3間參考的制服店，但唯獨「BRAGARD」這間店有提供在制服上繡名字的服務，費用約為5歐元。

術科的上課方式

斐杭狄CAP課程每年開班二個梯次，1月的梯次是針對已有職場經驗的人，9月的梯次則是給原本並非從事餐飲業的人。我參加的是9月梯，36人當中，年齡從二十幾歲到五十幾歲的都有，大多是來培養第二專長的法國成人，而我，是我們班「唯一的亞洲人」。

術科實作以12人為單位分成三個組，一旦分了組，未來四個月都將和同一組人在廚房共事。授課主廚共有3位，每個星期輪一位主廚帶領，很像職場的一個團隊。

每週35.5小時的課，學科占了15小時，剩下的20小時就是廚房裡的術科實作了。術科沒有示範課，每天5小時都是實作課，沒有講義或食譜。通常早上8點到校就直接進廚房，每次實作2或3道菜，主廚會用大字報寫著今天要作的食譜，示範就在廚房直接做，大家邊看、邊學也邊做。當所有人一同進步時，主廚就會再教更多東西，是非常重視團隊的學習方式。最後成品完成時，大家一起收拾廚房，一起到餐桌品嘗。

別以為擺了盤、端到餐桌就沒事囉，大家一起坐下來用餐的時刻上的是「品味課」，主廚要每個人去想一想這些配菜的味道及顏色，同時也觀摩其他同學的作品，並且會抽點同學，要同學用法語介紹這道菜；另外，也會抽點同學用技術用語描述如何作這道菜，天呀～果真是職業訓練！

其實主廚的大字報大多從教科書《La cuisine de référence》這一本書來，如果能在上課前先做預習，再把該頁食譜印下來

帶進廚房，可以減少不少抄筆記的時間。我呢，則是直接把大字報用相機拍下來，也是不錯的方法。

學科的上課方式

學科包括專業課程與通識課程，由於這些課是給法國高職生唸的，難度其實不高，但一旦全部變成法文後，它就變成我們外國學生的惡夢了！舉例來說：「Arrondissez au centième」是什麼呢？它只是「四捨五入到小數第二位」，很像國小的題目吧？可是法文看不懂就完蛋了。

衛生保健學(Hygiène)：每週3小時

類似國內的衛生講習，除了教微生物(Microbe)、細菌、黴菌、病毒之外，關於食物中毒的字如：葡萄球菌及沙門氏桿菌等特別需要背。另外如食品營養概論、疾病傳染及職業傷害預防也是課程重點，很類似我們的健康教育。

物理及化學(Physique Chimie)：每週1小時

物理以國中的電壓與電流、波及運動學為主，教的不深，但題目大多是應用問題為主，所以難的是題目本身，法文看不懂可能會無從答起。化學教的是原子、質子、電子及分子的概念，以及物質酸鹼性。拿出週期表，鈹、鎂、鈣、鍶、鋇、鐳這些元素我都還可以倒背如流，畢竟以前我可是理化小老師，但是老師問：「sodium在週期表的哪裡？」不熟悉這些元素的法文發音讓我上課整個傻住，幸好老師總是安慰我：「沒關係，考試你只要看得懂法文就好，不會考聽寫。」

數學(Mathematiques)：每週1小時

數學課對亞洲學生是最簡單的，多虧了台灣的教育，不需要是資優生，也可以在

數學上輕易讓外國人佩服得五體投地。我們花1～2分鐘就做完的整數四則運算，外國人竟然可以跟老師討論20分鐘還搞不懂，還要動用電子計算機，常常他們在埋首解題時，我就在位子上背法文單字，整數(Nombres entiers)、分數(fraction)、次方(puissance)……

整數四則運算、平方、分數的加減乘除、座標或一元一次方程式，大多是國中國小程度而已，上課幾乎可以心算不動筆。商品折扣或含稅率一類的應用問題就要小心了，不但會被法文給困惑，連折扣的邏輯也與台灣不太相同，答案有時也不會剛好湊出漂亮的數字，所以考試時最好還是帶著計算機小心應對。

企業認知及其經濟、法律及社會環境(CEEJS)：每週3小時

這是我認為最難的一門課！除了要認識法國的企業環境之外，還有法律規定、稅率、存貨管理、薪資報酬、衛生單位、食品及消費者組織，不但法文字彙、定義和專有名詞特別多，所用的法文也較艱深。記得第一堂課老師就要我們看一篇文章，文章大意是「一位廚師要開餐廳，有人投資他一起合夥……」。於是老師要我們分組討論並提出見解，問題諸如：獨資企業與公司有何不同？SARL、EURL與SA這三種公司型態有何特徵？連法文流利的法國同學都覺得聽不懂了，我突然覺得我來這裡很不自量力，所幸終於還是熬過來了。

廚房技術理論(Thchnologie Cuisine)：每週3小時

由帶領我們的3位主廚輪流上課，從餐廳規模、廚師團隊結構、器材介紹到烹調法，幾乎整本書都教了，是相當直接有用的理論課。此外，同學們在上課時與主廚討論職場遇到的實際情況，可以讓我們聽到許多法國餐廳的趣聞及習慣。

每次的理論課，主廚會挑兩道我們做過的菜色，考我們「做法默寫」！必須用正確的動詞(烹調法)，以術語寫出從洗菜到上

❶沒有講義的實作課，大家只好拼命看大字報抄筆記 ❷有時甚至沒有大字報，主廚現場寫白板，上課必須很注意聽 ❸理論課程是以2個組24人為一個班級在教室上課

❶雖是法國人為主，但也有不少外籍生，這是我的墨西哥同學 ❷寫史地專題需要上網找資料，因此常常是在電腦教室上課 ❸課表以週為單位，公布在教室外的公布欄 ❹法文課一班約15人，廚師、甜點師與麵包師一起上課 ❺完成了作品，就是與主廚坐下一起用餐的「品味課」

桌的所有步驟，連時間的分配、兩道菜準備工作的穿插也要在表格上表示出來。這就好像廚師與廚師之間的行話一樣，普通法國人不一定聽得懂，例如saisir的法文意思是「抓住」，在料理上卻是指「大火快炒」，未來在職場，就是用這些話術。由於CAP的筆試和口試都會考這個，所以是每週不可或缺的學習重點，一定要會！

溝通與表達(Communication et Comportement)：每週3小時

這堂課與術科的「品味課」是一脈相承的，學習用專業的口吻，向口試委員介紹選定的料理，並且接受答詢。當然法語要練好是必須的，除此之外，這堂課還著重在表達、舉止、表情、肢體動作、說話的音量及速度等。第一堂課玩的小遊戲就是：每個人寫一個字在一張紙條上，摺好之後全集中在講台上，老師抽1個人，上來抽一張紙條，依照紙條上的主題作2分鐘的即席演講，沒有準備時間。除了內容要言之有物之外，還要注意儀態及速度等，著實不簡單。有時候則是模擬客人到餐廳用餐，請主廚出來說話的情境，來練習各種料理上該用的字彙。

法文課、歷史與地理(Français，Histoire-Géographie)：每週3小時

因為每天都必須用法語學廚藝，因此我以為「單純的法文課」應該比上其他專業課程來得輕鬆才對，結果，我錯了！第一堂課的閱讀測驗就出現passé simple時態，把單字查了字典註記上去還是看不懂！老師上課一點都不留情，拼命問問題，直到聽到滿意的回答，如果想點點頭裝懂，那是絕對逃不過她的法眼的。之後的法文課，也是以發講義做閱讀測驗為主，難度大約是DELF B2程度。

法文之外，花比較多時間的反而是史地專題。CAP的國家考試，在史地方面要用法文寫兩篇關於地理、歷史及文化的專題，5分鐘的法文口頭報告，並接受10分鐘的法文答詢。因此，我們這堂課的學習目標便是寫出這兩篇圖文並茂的專題，以便國家考試時可以直接拿去報告。特別要注意的是：專題題目必須符合考試委員會界定的範圍，一旦離題，口試委員可當場裁定該專題無效。這種情況在我同學及我自己身上都有發生，幸好我還可以用第二個專題做完報告，才得以順利通過考試。

底下有一本書，可以做為寫史地專題的參考書：

· 《Français Histoire-Géographie CAP》
  ISBN：978-2-09-179709-0

英文課(Anglais)：每週3小時

CAP的甜點師及麵包師不須考英文(但加考可加分)，只有廚師才有此考試科目。正確的說，考的其實是外文，包括英文、德文、義大利文、葡萄牙文、西班牙文、阿拉伯文及希伯來文都可作選擇，但斐杭狄只針對英文開班，選擇其他語文考試的人必須自修。

英文考的程度並不難，大概是國中程度的閱讀測驗而已，CAP國家考試時的英文考法，就是自備學校給的幾篇短文，或是與專業有關的影音檔，抽其中一篇朗讀給口試委員聽，並接受15分鐘左右的英文問答。對台灣學生來說，這反而是最簡單的科目。

掌握好CAP廚師的96道菜

不像國內的西餐丙級考試有一定的範圍，法國的CAP考試並沒有一定的題庫，若參考教科書《La cuisine de référence》，可以發現至少有183道以上的菜可能成為考題。斐杭狄為CAP廚師班設計的課表，共有14週，包含甜點共約96道菜，掌握這些基本功，熟練烹調法，臨場再根據拿到的題目說明隨機應變，是準備術科考試的不二法門。

術科的料理課程中已經包含了簡單的甜點製作，除此之外另有4堂的甜點加強課，由專業的甜點主廚授課。肉類分切的加強課有2堂，由料理主廚示範，主要目的是強化同學對於肉品部位的概念，並與廚房技術理論作結合。魚類分切的加強課則有1堂，由外面聘請來的專業魚商作示範，手法之俐落也令人大開眼界。

3 4

5

①焦糖布丁 ②主廚正在做蒸鯖魚佐時蔬的擺盤 ③專業魚商所教的課實用性十足 ④咖哩雞佐馬德哈斯飯 ⑤專業的甜點主廚正在教我們這群廚師擠泡芙 ⑥我正在為奇美焗烤塞餡蛋擺盤 ⑦香提奶油泡芙 ⑧專業的甜點廚房 ⑨普羅旺斯朝鮮薊

6 7

8 9

❶主廚示範如何取干貝 ❷摩卡蛋糕 ❸奇美焗烤塞餡蛋 ❹肉類分切課，分解小牛頭 ❺主廚示範如何切菱鮃魚

額外的加強課程

甜點加強課 Part I
⑦ 泡芙(Pâte à choux)
⑧ 閃電泡芙(Éclair)
⑨ 甜點鮮奶油(Crème pâtissière)＝卡士達

甜點加強課Part II
⑩ 海綿蛋糕(Génoise)
⑪ 黑森林蛋糕(Forêt noir)

甜點加強課 Part III
⑫ 夏洛特蛋糕(Charlotte)
⑬ 巴伐利亞鮮奶油(Crème Bavaroise)

甜點加強課 Part IV
⑭ 摩卡蛋糕(Moka)

肉類分切加強課Part I (Boucherie)
⑮ 小牛(Veau)

肉類分切加強課Part II (Boucherie)
⑯ 小羊(Agneau)

魚類分切加強課(Poissonnerie)

⑥阿爾薩斯蘋果派 ⑦大家剛出爐的東倒西歪舒芙蕾 ⑧這種專業烤爐我們平常可是碰不到呢 ⑨魚類分切課的上課情況 ⑩酥皮水果塔與鮮奶油卡士達 ⑪馬其頓蔬菜美乃滋沙拉

實作課的課程清單

第1週	・基本知識及刀具的使用 ・各種蔬菜的分切法及烹調法 ・德阿布萊田園蔬菜湯(Potage Julienne Darblay) ・生冷蔬菜拼盤(Crudites variées) ・小牛高湯(Fond de veau) ・古早味燉小牛肉配克里奧爾飯(Blanquette de veau à l'ancienne avec riz Créole)
第2週	・巴黎蔬菜湯(Potage parisien) ・迪霍克小牛肉肋排(Médaillon de veau Duroc) ・龍蒿燉小羊肉配奶油飯(Fricassée d'Agneau à l'estragon avec riz pilaf) ・馬其頓蔬菜美乃滋沙拉(Macédoine de legumes mayonnaise) ・貝西嫩煎牛排(Steak sauté Bercy) ・烤雞佐雞汁配烤薯泥(Poulet rôti au jus et pomme duchesse) ・三種馬鈴薯泥(Pomme purée, mousseline et duchesse)
第3週	・焦糖布丁(Crème renversée au caramel) ・馬倫戈小牛肉(Sauté de veau Marengo) ・英式水煮馬鈴薯(Pomme à l'anglaise) ・蘑菇火腿可麗餅(Crêpes farcies) ・魚漿海鮮卷(Ficelles Picarde) ・洛汗鹹派(Quiche Lorraine) ・鮮奶油小布丁(Petits pots de crème) ・歐姆雷蛋(Les omelettes roulées) ・獵人嫩雞佐馬鈴薯(Poulet sauté chasseur pommes noisettes et pommes cocotte)
第4週	・千層酥皮(Pâte feuilletée) ・火柴酥皮點心(Allumette)、三角酥皮點心(Talmouse) ・炒蛋酥皮盒子(Coffret aux oeufs brouillés) ・維也納煎小牛肉排佐義大利麵(Escalopes de veau viennoise avec spaghetti au beurre) ・英式炸牙鱈佐塔塔醬(Merlan à l'anglaise à la sauce tartare) ・蘋果派(Tarte aux pommes)
第5週	・普羅旺斯燉豬臉頰(Estouffade de joues de porc Provençale) ・烤小羊肋排佐鮮蔬(Carré d'agneau rôti et petits legumes primeurs) ・聖傑曼田園蔬菜濃湯佐麵包丁(Potage Saint Germain aux croutons) ・城堡夫人菲力牛排(Tournedos châtelaine) ・油煎鱒魚(Truite meunière) ・蘋果與葡萄煎餅(Pannequet aux compote de pomme et raisins) ・水果甜甜圈(Beignets des fruits)
第6週	・鍋燒烤鴨佐白蘿蔔(Canard poêlé aux navets) ・巧克力慕斯(Mousse au chocolat) ・迪巴里女伯爵奶油濃湯(Velouté Dubarry) ・古早味燴雞飯(Fricassée de volaille à l'ancienne au riz pilau) ・好媽媽比目魚排(Filet de sole bonne femme) ・漂浮島(Île flottante / Oeuf à la neige) ・淡菜三吃(Moules) ・奶油白酒醬煎鮭魚佐扁豆和義式燉飯(Saumon sauté aux lentilles et beurre blanc avec risotto)
第7週	・燴小羊肉佐馬鈴薯(Navarin d'agneau aux pommes) ・迪格雷菱鮃(Carrelet aux sauce Dugléré) ・洋蔥派(Tarte à l'oignon) ・香提奶油泡芙(Choux chantilly) ・酥皮水果塔與鮮奶油卡士達(Tarte en bande et crème diplomate)

第8週	· 煎菲力豬排佐芥末醬汁(Médaillon de Porc à la sauce moutarde)
	· 烤舒芙蕾(Soufflé chaud)
	· 烤豬肋排佐燉苦苣(Carré de porc poêlé avec endives braisées)
	· 韭蔥鹹派(Flamiche aux poireux)
	· 海綿蛋糕與英式鮮奶油(Génoise avec crème alglaise)
第9週	· 奇美焗烤塞餡蛋(Oeufs farcis Chimay)
	· 奶醬小牛肋排佐香菇餡(Côte de veau à la crème aux champignons)
	· 小兔腰肉塞餡捲佐馬鈴薯(Rables de lapereaux aux fruits secs et pommes fondantes)
	· 蒸鯖魚佐時蔬(Filet de Maquereaux vapeur aux petits légumes)
	· 阿爾薩斯蘋果派(Tarte Alsacienne)
	· 米蘭燉牛腿(OSSO-BUCCO milanaise)
	· 法國吐司(Pain Perdu)
	· 牛肉清湯(Consommé de bœuf brunoise)【示範】
第10週	· 大干貝佐包心菜奶油醬汁(Coquille Saint Jacques embeurrée de choux)
	· 尼斯沙拉(Salade façon Nicoise)
	· 生鮭魚韃靼(Tartare de saumon)
	· 迪普瓦滋式菱鮃魚排(Filet de Barbue à la Dieppoise)
	· 蘋果燒酒雞捲(Poulets sautés façon vallée d'auge)
	· 烤鯛魚(Dorade grillée)
	· 巧克力塔(Tarte au chocolat)
	· 烤布蕾(Crème brulée)
第11週	· 咖哩雞佐馬德哈斯飯(Curry volaille avec riz Madras)
	· 檸檬塔(Tarte au citron)
	· 佛羅倫斯半熟蛋(Oeufs mollets Florentine)
	· 肋眼牛排佐貝荷乃滋與新橋薯條(Pièce de beuf grillée à la sauce Bearnaise avec pont neuf)
	· 普羅旺斯朝鮮薊(Barigoule de légumes)
	· 尼斯式塞餡烏賊(Calamards farcis niçoise)
	· 美式醬汁(Sauce Américaine)【示範】
第12週 (模擬考週)	· 鍋燒烤鴨佐橙醬(Canetons à l'orange)
第13週	· 美式烤春雞佐魔鬼醬(Coquelet grillé à l'américaine avec sauce diable)
	· 海鮮鹹派(Quiche aux fruits de mer)
	· 鱈魚背佐白酒醬(Dos de cabillaud avec sauce vin blanc)
	· 起司舒芙蕾(Souffle au formage)
	· 陶罐肥鴨肝(Terrine du foie gras mi-cuit)
	· 綠胡椒鴨胸(Magret de canard au poivre vert)
	· 義式羅馬麵疙瘩(Gnocchi à la romaine)
	· 葡萄乾塞餡鵪鶉(Caille aux raisins)
	· 提拉米蘇(Tiramisu)
第14週	· 米布丁(Riz au lait)
	· 烤肋排佐阿比休斯蜂蜜醬(Ribbs à la sauce Apicius)
	· 水煮魟魚鰭(Aile de Raie)
	· 小羊肋排(Côté d'agneau en chevrcuil fine sauce poivrade)
	· 布列斯雞佐南迪亞蝦醬和義式蘑菇燉飯(Blanc de volaille de bresse crème crevette façon Nantua avec rizotto champignons)
	· 牛軋冰淇淋(Nougat glacé)
	· 馬卡龍(Macaron)【示範】

學著當一名獨當一面的主廚

在廚房裡，除了要學習主廚所教的菜色之外，每個人也同時有負責的值日工作。輪班表一共有11項職務，每人負責一項職務，每週由主廚排定。這些職務包括：記錄冰箱及冰庫溫度、上課前提早到廚房點燃所有爐火、分配每人的使用器材及收納整理等。

原則上每個項目都是一人負責，只有第11項「爐台的清潔」是所有人在飯後一起打掃。這樣的安排，很像真實的餐廳，每個人從幫廚、組長、二廚或主廚都各有所司，習慣一邊學菜一邊做好自己的工作，對將來進入職場是很有幫助的。

在所有職務當中，chef de la semaine最特別，這個字有點類似「本週值星官」的意思，本週值星官沒有專屬的事要做，而是

負責監督及協助所有人完成各自的職務，因此必須清楚每個人的工作細項，以及如何做，對應到餐廳，就是一位「主廚」。

在職場，一位主廚當然是歷經各種基本職務的磨練，才成為一名管理者的；但在這裡，你隨時都可能突然在某一週被指定為週值星官。因此，平時除了做好自己的職務之外，也要觀察其他人怎麼做他們的職務，主動幫忙，提早學起來。累積了

❶清潔爐台是所有人一起完成的工作 ❷從洗碗間洗好送回來的銅鍋，要有人負責把它整理歸定位

這些廚房作業的知識，一旦被指定當值星官，才不會茫茫然不曉得如何管理。這樣的觀念在職場也適用，通常那些被往上拔擢的人，都是平時熱心助人，累積足夠的能力並準備好挑戰更上一層工作的人。所以說，學校安排這樣的輪職訓練，不但是為將來取得CAP進入職場做準備，也是為每個人成為獨當一面的主廚做準備。

我的逐夢手札

在雙杭狄的每一天幾乎都在廚房裡，我們不只學「做菜」，也學「做事」，這對於未來到職場的幫助很大。做事的技巧和態度，將決定職場裡的其他同事以什麼樣的眼光來看待你。

各輪值工作職掌

項次	法文	中文說明
1	◔ Chef de la semaine : Responsable du fonctionnement général	◔ 本週值星官：工作的總負責
2	◔ Allumage du fourneau 15mns avant le cours ◔ Mise en place : Produits d'entretient et de nettoyage (bobine papier, lavette)	◔ 課前15分鐘點燃所有爐台 ◔ 工作準備：廚房裡清潔用品之準備(如滾桶廚房紙巾、清潔抹布)
3	◔ Mise en place : Postes de travail 1 planche, 1 bain marie, 2 calottes, 2 plaques …etc ◔ Rangement du matériel propre en retour de plonge centrale	◔ 工作準備：在每個人的工作區放置1塊砧板、1個有柄鋼杯、2個鋼盆及2個鐵盤等。 ◔ 整理從洗碗間送回之鍋具
4	◔ Relevé des températures ◔ Prévision petit matériel nécessaire pour le cours pratique ◔ Prévoir les assiettes pour les dressages	◔ 記錄並檢查各冰箱溫度 ◔ 準備上課需要的特殊用具(派模、火槍) ◔ 準備擺盤需要的盤子
5	◔ Préparation des denrées et marchandises ◔ Rangement après le cours des denrées et du matériel utilisé	◔ 準備食材及調味品 ◔ 課後食材和用具的歸位
6	◔ Réception à l'économat · Vérification et contrôle des marchandises · Stockage dans les frigos appropriés · Assurer la rotation des produits · Entretient des frigos	◔ 進貨整理 · 確認及管控食材貨品 · 確保冰箱中的食材貨品被正確擺放 · 確保產品有依先進先出原則提取 · 冰箱之保養
7	◔ Prévision matériels pour le TP	◔ 準備實作課所需鍋具
8	◔ Passer à la boulangerie vers 11h00 ◔ Fin du cours : Débarrassage et étiquetage des productions, Refroidissement en cellule	◔ 11點到麵包部領麵包 ◔ 課後整理食材及貼標籤，負責熱食的冷卻工作
9	◔ Rangement du chariot de vaisselle propre au début du cours ◔ Dressage de la table pour la dégustation 10h00 et remise en état après le repas ◔ Emmener le chariot de vaisselle sale à la plonge centrale en fin de TP	◔ 課前整理餐具 ◔ 10點布置「品味課」所需餐桌，餐後恢復原狀 ◔ 課後將待洗鍋具運送至洗碗間
10	◔ Nettoyage et vérification des timbres des labos ◔ Propreté des bacs de plonge	◔ 工作檯的清潔 ◔ 洗碗槽的清潔
11	◔ Nettoyage du fourneau	◔ 爐台的清潔

這裡的大大小小考試，考驗我的法語能力

「斐杭狄CAP班」與「藍帶料
理初級」在菜色上有許多雷同，
但學習目標則有所不同。在藍
帶，可以「認識」比較多菜色，
尤其從初級班唸到高級班，對法
式料理從傳統的到新穎的，大概
都能有很好的了解。但藍帶的缺
點則是：真正實作過的菜色只有
主廚教的三分之一。而斐杭狄的
CAP班，所教的菜都是以法式料
理中傳統及基本的為主，這些基
本功我們必須學會、熟練並掌握
它，因此同樣的烹調法，我們常
在不同的菜色中反覆練習。學校
為了監督同學的學習成效，在短
短的三個半月裡就有3次學習評
量(Evaluation)，畢業前並且有比
照國家廚師考試方式的模擬考
(Examen blanc)。

第一次學習評量

第一次學習評量在開學第四週
舉行，評量的方式是這樣的：3小
時內做出指定的一盤熱菜和一盤冷
菜，熱菜包含各自不同的烹調法共
11種配菜；而冷菜則是9種蔬菜的
刀工展現。考試時間終止時，每個
人要單獨拿這二盤菜到主廚的桌
上，一對一進行評分，主廚在一張
長長的評分表寫下你各方面的分
數，成績馬上知道，相當直接！

❶與主廚一對一的現場評分，讓人備感壓力十足 ❷我的冷盤，蔬菜切分
❸沒有擺盤可言的蔬菜，千萬不可以這樣啊

冷盤不難，考的是你對法文詞彙各種切法及尺寸的認識，**冷盤菜色包含有：**

- ❤ 洋蔥切碎(Oignon Ciselé)
- ❤ 紅蔥頭切碎(Échalote Ciselée)
- ❤ 洋蔥切大丁(Mirepoix Oignon)
- ❤ 紅蘿蔔切大丁(Mirepoix Carotte)
- ❤ 紅蘿蔔切絲(Julienne de Carotte)
- ❤ 白蘿蔔切絲(Julienne de Navet)
- ❤ 韭蔥切絲(Julienne de Poireaux)
- ❤ 紅蘿蔔切馬其頓丁(Macédoine de Carotte)
- ❤ 白蘿蔔切馬其頓丁(Macédoine de Navet)

熱盤要準備的菜則有：

- ❤ 炒蘑菇細丁(Duxelles de Champignon)
- ❤ 番茄泥(Fondue de Tomate)
- ❤ 英式燙青菜：敏豆、白花椰菜、綠花椰菜和馬鈴薯(Cuisson à l'Anglaise de Haricot Vert, Choux Fleur, Brocolis et Pommes Vapeur)
- ❤ 炒上色的橄欖形馬鈴薯(Rissoler Pommes Cocotte)
- ❤ 炒亮白色的橄欖形櫛瓜及紅白蘿蔔(Glacer à Blanc Courgette, Carotte et Navet)
- ❤ 炒亮褐色的小洋蔥(Glacer à Brun Petits Oignons Grelot)

大部分同學冷盤都沒問題，難度其實是時間安排，為了能一邊切冷盤一邊又不使爐台閒置，冷盤的準備一定要和熱盤的準備穿插進行。另一方面，考題裡限定使用的鍋具只能3個：淺炒鍋(Sautoir)、淺廣口炒鍋(Sauteuse)、淺煎鍋(Poêle)，因此什麼菜先削，什麼菜先煮，鍋子如何分配使用都要想好，這除了考刀工及烹調法，也是考廚房工作的組織能力。

這一場考試我考的不好，原因竟然敗在最簡單的燙青菜！由於時間壓力，我的蔬菜有幾種未熟透就端上盤子了，主廚叉子一插就知道沒熟，給了我很低的分數，倒是在刀工上給我很高的分數。另外，法文不好而誤以為全部的蔬菜都要擺上去，使得我這一盤菜不怎麼美觀。

第二次學習評量

第二次學習評量在第七週進行，考前一天，主廚竟然還放出假消息，叫我們勤加練習作洛汗鹹派和迪格雷菱鮃，並且很認真的檢討這兩道菜如何在3小時內組織並完成。全班都專注在準備這兩道，結果考試當天，完全沒有這兩道菜！考的是聖傑曼田園蔬菜濃湯佐麵包丁、迪霍克小牛肉肋排佐馬鈴薯，以及烤布蕾。媽呀！

一進廚房，先到主廚面前抽一張號碼牌，依號碼走到對應的工作檯，拿起桌上的兩張食譜一看：我的是「聖傑曼田園蔬菜濃湯佐麵包丁」與「迪霍克小牛肉肋排佐馬鈴薯」，每一道菜都要做兩份交出去。有同學抽到小牛肉排與烤布蕾，結果布丁烤了4次才成功，天啊！也讓人太緊張了吧！

考試時間為08：30～11：30，儘管對這兩道菜沒什麼自信，我還是慢慢的把每一樣配菜，每一個步驟都做到位才往下繼續，並且不斷的清理桌面，保持工作檯的乾淨。而一邊作菜的同時，不知哪來的記者和攝影師，不斷在廚房裡穿梭和拍照，並且訪問同學。我一邊還在想：如果問到

我，我要用我的破法文說什麼好，結果完全沒採訪我，也好，可以專心工作。

原本以為我的成果只能勉強過關，沒想到主廚卻意外的肯定我，主廚的第一句話是：「這是一頓真正引起食慾的餐。」他並讚美我工作時組織得很好，每完成一件工作就收拾，工作檯保持得很乾淨，原來主廚都有偷瞄啊！主廚依評分表逐項打分數，我拿到16分與15分居多，牛排熟度及配菜各方面的味道都很好，擺盤也不錯，最後在總評給了

❶我的「聖傑曼田園蔬菜濃湯佐麵包丁」與「迪霍克小牛肉肋排佐馬鈴薯」 ❷別以為學廚藝只要在廚房裡練菜，書本上可是也要花不少時間的 ❸我的蘋果「燒焦」雞捲與「硬梆梆」海綿蛋糕

我一個「優秀(Excellent)！」耶～～我翻身了！一掃第一次評量的挫折！這一天，真的是超高興的啦！

第三次學習評量

　　第三次學習評量在第十一週，這一次的考題有二套菜，主廚事先都沒透露，一直到我們進到廚房才知道。第一套是「蘋果燒酒雞捲」與「海綿蛋糕」；第二套是

「迪格雷菱鮃」與「普羅旺斯鹹派」，考題已經開始出現我們不曾做過的菜色了，未來在考場也會遇到這種情況，遇到不曾做過的菜，只能憑考題給的食譜，發揮所學去想像並實作出來。

　　我抽到的是第一套菜：雞。看到爐台上主廚燒了一大鍋雞湯給大家用，我便以為試題上說的雞湯步驟可以省略，還問主廚說：「今天的雞骨頭有要留著燉湯嗎？」「燙完放到湯裡」這是主廚的回答。當我照主廚的話把「我的雞骨頭」燙完丟到「公用的雞湯裡」時還很得意我是第一個，半個小時後我發現每個人都各自在燉雞骨頭湯，才知道我又法語理解錯了！等到我切了調味蔬菜，撈回我的雞骨頭準備開始燉雞湯時，已經慢其他人半小時了。正祈禱希望主廚沒注意到我，主廚卻偏偏過來截破我說：「調味蔬菜不用炒，加冷

水開始煮。」真是好囧啊！慢半拍又兼做錯被抓包。

接著還有更不幸的事呢，我和一位同學被分配到一台超級熱的烤箱，熱到我手只要進去3秒再出來就全紅了，得馬上跑去沖水才行。我特別提醒我同學：「這烤箱極熱，我們要注意別燒焦各自的雞唷！」10分鐘後，當我取出我的雞時，它還是微焦了。我同學更慘，他的雞已經都焦黑了，眼看已經不夠時間重做，他便因此放棄交作品了。

除了雞，我還必須做海綿蛋糕，但是我的蛋糕烤出來一點都不海綿，扁扁硬硬的。搭配的英式鮮奶油，一閃神就煮成了「蛋花湯」，幸好第二次有成功。就在時間快要終了時，我還在打發裝飾用的鮮奶油，同學看我來不及，本想把他的打發鮮奶油借給我用，但我還是堅持要自己打發，幸好最後有趕上。

評分時，主廚用手指戳了戳蛋糕説：「你看，這什麼？太硬了！」雞肉也很糟，評語是「不正常」。這二個項目都拿了低分，幸好英式鮮奶油、醬汁、配菜、擺盤、組織能力及衛生等其他項目幾乎都拿高分，才總算過了第三次評量這一關。

畢業模擬考

模擬考(Examen blanc)，就是比照法國國家舉行的CAP考試進行的校內測驗，以廚師來説，一共有8個考試要考，包括12個學科，所以一整週都在考試，幾乎沒排課。法國同學們大都把時間花在廚房練習，但對我來説，K這些法文書反而才是我最重的負擔，如果考卷看不懂或是料理實作的題目理解錯誤，那才真是大問題呢！底下分別描述這8個考試的情況。

1.P.S.E.考試(筆試，1小時)

教科書《Prévention, Santé, Environnement》的簡稱就是P.S.E.，內容講

評分表之評分項目

項次	法文評分項目	中文說明
1	Organiser et gérer son poste de travail	工作檯的組織及管理
2	Prévoir le matriél nécessaire à la réalisation des préparations	是否能預備烹調工作所需的器具
3	Maîtriser les techniques gestuelles	烹調技巧的掌握
4	Préparations préliminaires	初步布署
5	Appareils, fonds, sauces	配料、高湯和醬汁的分數
6	Cuissons	熟度控制
7	Pâtisserie-Appareils	甜點和配料的分數
8	Utiliser rationnellement les moyens	正確使用設備
9	Dresser les préparations culinaires	烹調前準備工作的建立
10	Respecter les règles d'hygiène et sécurité	遵守衛生和安全規定
11	Participer aux vérifications des préparations et les rectifier si nécessaire	烹飪工作的確認及調味校正
12	Assurer les opérations de fin de service(denrées) et contrôler le rangement de son poste de travail, matériel	烹調完成後對於食材、工作檯和器材的整理

❶作品還來不及拍大合照就被端出去了，匆忙間只拍下這張 ❷所有的作品只能由我們的主廚端去給審查委員，考生不能進到評分場裡

的是關於保健和職場環境的常識，衛生學和企業認知學的老師在上課都有講過課本內容。考題幾乎都從課本出來，包括：脊椎五個部位的名稱、人的睡眠與能量曲線和體溫變化的關係，以及卡債問題。

2.物理、化學與數學(筆試，2小時)

這三科合併在同一份考卷考，考題包括電流、等速度運動、化學週期表和分子量、酸鹼度、比例、統計、稅率和手機費率的方程式。考的不難，就是法文題目要看懂而已。

3.食品的供應與組織(筆試，2.5小時)

這是衛生保健、企業認知和料理理論三科合併在一起的卷考，很難！厚厚的考卷大概有10頁吧！二道食譜的填空是必考，此外還要寫出同時做這二道菜的步驟，跟平常在課堂上的練習一樣。也有考到食物與儲存溫度的關係、法國食品標籤的辨認、六大類食物的角色和營養素、細菌、名詞定義、發票解讀和對法國協會組織的認識。

4.英文(口試，20分鐘)

口試分為二個階段，第一階段：從6篇選定的文章中指定1篇，接著可以在旁邊準備10分鐘，首先老師會要求朗讀，接著問了10分鐘左右的問題。雖然只是國高中程度的英文，但因為法文講久了，老是會把英文單字唸成法文發音。第二階段是用英文談自己未來的規畫，例如：取得CAP證照後打算在法國做什麼。

5.歷史與地理(口試，15分鐘)

老師從你的二份專題挑選一份，請你做5分鐘口頭報告，接著是10分鐘的答詢，等於是本學期史地專題的成果驗收。

6.法文閱讀測驗及寫作(筆試，2小時)

閱讀測驗考的是一篇關於廣告媒體泛濫及手機影響人們生活的文章；寫作則是模擬一位專欄記者寫出關於社會觀點、文化藝術的演進、群眾心理的改變和環境保護的文章，相當於DELF B1程度的考題。

7.料理實作(實作，4.5小時)

這一天的考場仍是我們熟悉的廚房，只是每個人有平常的二倍空間，抽完了號碼牌後，就站到自己的所屬位置，從此刻開始，不能發問也不能互相交談。每個人桌上有兩張菜單，但這次沒有人是一樣的菜，6個人分別做12道不同的菜色，想偷瞄或抄襲別人根本沒辦法。

打開自己的冰箱，所有需要的食材都已經準備在一個大鐵盤裡了，鍋子則要搶著用。我抽到的菜色是「白酒番紅花青鱈佐蔬菜絲和奶油飯」，青鱈取魚排的方法從來沒看過，白酒番紅花醬也從來沒做過，只能憑食材的特性和旁邊的註解去猜測這道菜該長怎樣了，而且光主菜就要做4盤！至於我要做的甜點則是一個8人份的「蘋果派」。

考試時間為08:00～12:30，有6位外聘的審查委員穿梭在廚房裡監督我們做菜，不時還拿起手上的紙筆在打分數。考試才開始，我便發現盤子裡缺蘋果及檸檬，匆匆忙忙跑去大冰箱找，怎麼找就是找不到，胖主廚看我很緊張，就跟我說：「冷靜～冷靜～」怕我聽不懂竟還比了蓮花指作出「禪」的姿勢，這招奏效了！他真的是我的貴人。

在你做菜的同時，審查委員會站到旁邊來問你現在正在做什麼，待會打算怎麼做，很像電視《Top chef》比賽那樣。其實委員們人都很好，不時提醒我們該做什麼，也會適時給予鼓勵，當我把派皮入模時，有主廚提醒我要戳洞；而當我把蘋果派做完時，有主廚讚美說：「這簡直就像甜點師做的嘛！」

面對那條沒看過的青鱈，我呆在砧板前看半天不知如何下刀，才一下刀，旁邊的主廚馬上說：「這哪招啊？新的技巧嗎？」嚇得我趕快收刀再想一想。後來當我把魚去皮拔刺，修成6塊魚排，站在一邊看了足足10分鐘的主廚才說：「嗯，不錯！」不過，考試的時間真是永遠都嫌不夠，我的奶油飯、魚，還有白酒醬汁，幾乎都是在最後半小時才匆匆完成烹調！

審查結束，我的墨西哥同學跑來跟我說：「你的蘋果派……評審跌到地上！」我說：「什麼！跌到地上是什麼意思？」原來法文這麼說是指讓人跌破眼鏡，因為他偷聽到評審們說那個蘋果派太好吃了！後來主廚來跟我說：「你的魚大致都沒問題，就是配菜涼了，不！是冰的！你吃吃看！可惜了蔬菜絲切得和煮得那麼漂亮。」

8.溝通與商業表達(口試，10分鐘)

就在評審吃完甜點半小時左右，我們開始進行口頭報告的考試，也就是拿自己預先寫好的一張食譜，模擬自己是主廚，不看稿以法文解釋這道菜的做法；接著再模擬面對客人時要如何以法文介紹這道菜。

我所選的食譜是「鍋燒烤鴨佐白蘿蔔」，這本來是我很擔心的一科，沒想到在家把做法和寫法在腦子裡練習了幾遍之後，我竟能向審查委員滔滔不絕地解釋詳細的做法，講到後來他們把我停下來說：「OK了，你寫得很詳細，講得也很好了。」然後就開始跟我聊天。

無論如何，總算度過了此次模擬考，學校老師給正面鼓勵多過信心打擊，所以不用太緊張，最壞在國家考試舉行前也還有個總複習加強訓練嘛！

❶每個人分別由2位審查委員口試 ❷受到青睞的蘋果派

❷

結業了，畢業宴由我們來辦桌

學期結束的最後二天，主廚們決定在實作課做個好玩的練習——「宴會」！這是我們全班24人第一次共進午餐，主菜由我們這組的12人負責，前菜和甜點則是另一組包辦，連同教職員一共要做30人份。這是很有趣的訓練，一直以來，我們總是練習著如何單打獨鬥，獨立完成考試的菜色，今天則相反，12人要分配工作共同完成30份一模一樣的主菜，所以，今天考驗我們的就是團隊合作的精神。

主菜要做小羊肋排佐胡椒醬(Côté d'agneau en chevreuil fine sauce poivrade)，主廚首先講解擺盤的構想，在大家取得共識之後，再一一解釋配菜的烹調法。包括：

1

● 用茴香半燜熟的紅蘿蔔

● 用薑黃水煮的白蘿蔔，刻成星形再插上炒菇

● 紅酒與糖去醃漬的洋梨

● 配色用的芒果

● 梨子果肉與醋栗

● 橘色的木瓜

● 蘑菇鑲栗子泥

● 交錯在這些配菜中間的玉米與紅石榴

解釋完，大家就紛紛認領工作開始幹活了，因為時間很充裕，一邊忙自己負責的工作還可以一邊觀摩別人，大家有說有笑輕鬆自在。到了上菜時間，可就緊張了，

為了讓30盤主菜同時熱熱的上桌，擺盤不但要在熱爐台上進行，動作還要快！每個人分工負責擺上一種配菜，沒分配到擺盤工作的人則幫忙把菜快速端出去。主廚確定每件事都分工完畢，就下令打開保溫箱取出菜，馬上開始了！

過程非常刺激！我們就像餐廳準備宴會一般，快速地把配菜一個一個擺上去，不時還要鑽過其他人或繞過別隻手去擺，一度緊張失控的時候，主廚在旁邊叫我們：「冷靜！冷靜！」總算，30份主菜完美出餐，贏得大家的讚美！

當天一邊吃畢業餐會，一邊就發了模擬考的成績單，以及每個人的學期總成績，到這裡，算是畢業了！大家搶著借主廚印有「Ferrandi」字樣的帽子來拍威武的廚服照，畢竟這可不是我們平常能戴的呢！就這樣畢業餐會任務圓滿達成！

我的逐夢手札

最大的挫折往往都是法語，因為法語不好，所以做菜做錯；因為法語不好，所以考試寫錯；法語不好，還有可能使你的人際關係無法拓展開來。沒辦法，誰叫我不是法國人呢！所以，好好唸法語吧！因為它實在太重要、影響太多事了！

①終於有機會戴上印有「Ferrandi」字樣的主廚帽 ②主廚講解小羊肋排佐胡椒醬擺盤的構想 ③大家把準備好的配菜分盤集中 ④甜點是我們做的牛軋冰淇淋 ⑤生鮭魚三吃與羊乳酪蛋糕 ⑥多人宴會的擺盤總是像這樣一人負責一道配菜，到了真實的職場也一樣 ⑦小羊肋排佐胡椒醬完成品

大考來臨，趕緊返校總複習

斐杭狄的CAP證照班課程在12月結束，接著每個人到業界實習14週，直到隔年的4月份，我們才回到學校考前總複習。廚師班約有1個月課程，甜點師則只有半個月，課程以術科實作為主，占了48小時左右。

術科的複習以教過的菜色為主，少數沒做過的菜如韭蔥餡餅、百葉窗酥皮盒子和巴斯克雞，也是教科書《La cuisine de référence》裡可以找到食譜的菜。

複習這些菜色所使用的還是平常上課的廚房，而由於斐杭狄學校是法國CAP考試的考場之一，所以我們得以在主廚的帶領下參觀考場，那是與我們的上課廚房在同一樓層，但卻從來沒使用過的大廚房。大廚房裡冰箱、爐台與工作檯的配置全都與上課廚房不同，做甜點還要到隔壁相連的專業甜點廚房，幸好學校安排了這樣的參觀，否則考試當天面對考場的不熟悉一定會有些緊張。

學科的複習以廚房技術理論為主，每週3小時的課都在做考古題，總共上4星期。其他學科則幾乎只有一次上課，也是做考古題，而且沒有印答案，必須去上課跟著解題才知道答案。而溝通與表達、法文課、英文課、歷史與地理就沒有總複習了。事實上，正式CAP的外(英)文考試早在總複習前就已經先舉行了。

大廚房其實是學校裡實習餐廳的廚房，可以容納15個人考試，除了有獨立的魚肉調理室，還有正式的出菜口

術科總複習

週次	複習內容
第1週	**第1天** ・鹹派的練習：洛汗鹹派、洋蔥派、韭蔥餡餅 ・湯的練習：巴黎蔬菜湯、聖傑曼田園蔬菜濃湯、迪巴里女伯爵奶油濃湯
	第2天 ・千層酥皮 ・火柴酥皮點心(Allumette)、三角酥皮點心(Talmouse) ・炒蛋酥皮盒子(Coffret aux oeufs brouillés)、百葉窗酥皮盒子(Jalousie)
	第3天 ・雞的前處理及分切 ・熬雞高湯、烤雞佐雞汁、獵人嫩雞、古早味燴雞、巴斯克雞(Basquaise)
	第4天 ・濃味燉肉(Ragout) ・古早味燉小牛肉、紅酒燉牛肉、普羅旺斯燉牛肉 ・參觀正式CAP考試考場廚房
第2週	**第1天** ・魚的前處理及取魚排 ・熬魚高湯、好媽媽比目魚排、迪格雷菱鮃
	第2天 ・牛肉和小牛肉的前處理和修整 ・牛肉熟度控制：迪霍克小牛肉肋排、貝西嫩煎牛排、肋眼牛排佐貝荷乃滋與新橋薯條
第3週	**第1天** ・甜派的練習：檸檬塔、巧克力塔、蘋果派、洋梨派
	第2天 ・維也納煎小牛肉排、荷蘭醬與貝荷乃滋
	第3天 ・全雞塞餡捲
第4週	**第1天** ・鴨的前處理 ・鍋燒烤鴨佐白蘿蔔
	第2天 ・烤小羊肋排 ・黑森林蛋糕與泡芙
	第3天 ・宴會小點心

學科總複習

科目	方式及時數
衛生保健學	發考古題做題目(3小時)
物理與化學	發考古題做題目(1.5小時)
數學	發考古題做題目(1.5小時)
企業認知及其經濟、法律及社會環境	複習講義內容(1.5小時)
	發考古題做題目(1.5小時)
廚房技術理論	發考古題做題目(12小時)
溝通與表達	無
法文課、歷史與地理	無
英文課	無

一考就兩個月的正式法國廚師考試

正式的法國職業認證考試每年有2～3次，斐杭狄二梯次的班都集中考4～6月的那一次，考試科目有EP(Epreuves Professionnels)和EG(Epreuves Génerales)及兩大類，共7個科目分在不連續的5天考完，以廚師的職業認證為例，計分標準請見「廚師職業認證考試學科」表格。

收到EG3英文考試的准考證(Convocation)著實讓我嚇了一跳，因為它竟然在4/11舉行，距離6月主要科目的考試早了2個月。而其他科目的考試日期也不連續，而是在接下來的二個月內分別參加好幾場不同的考試。

廚師職業認證考試學科

EPREUVES (科目)	MODE (考試方式)	Durée (時間)	Point (成績)	Coef. (加權)	OBSERVATIONS (合格標準)
EP1 Approvisionnement et organisation de la production culinaire (食品的供應與組織)	Ponctuelle écrite(筆試)	2小時30分	80	4	
EP2-1 Productions culinaires(料理實作)	Ponctuelle pratique(實作)	4小時30分	240	12	平均分數須大於10/20
EP2-2 Vie sociale et professionnelle(P.S.E.)	Ponctuelle écrite(筆試)	1小時	20	1	
EP3 Commercialisation et distribution de la production culinaire(溝通與商業表達)	Ponctuelle orale(口試)	10分鐘	20	1	
MOYENNE DOMAINE PROFESSIONNEL(專業科目平均分數)					平均分數須大於10/20
EG1 Français et histoire-géographie (法文閱讀測驗及寫作、歷史地理專題)	Ponctuelle écrite et orale(筆試與口試分開考)	2小時15分	20	3	
EG2 Mathématiques-sciences(physique-chimie)(數學與物理化學)	Ponctuelle écrite(筆試)	2小時	20	2	
EG3 Langue vivante(外語、英語)	Ponctuelle orale(口試)	20分鐘	10	1	
MOYENNE GENERALE (通識科目平均分數)					平均分數須大於10/20

各考科進行方式

★EG3英文考試

地點：巴黎商業工業工會(CCIP)20區的學徒教育中心(CFA GAMBETTA)

口試在教室裡一對一進行，帶著事先準備好的6篇英文文章讓口試委員抽，我遇到的委員還低聲問我哪一篇比較有把握通過，真是太仁慈了。選定文章之後，有10分鐘時間作準備，可以在現場的草稿紙上整理重點。

口試時先是朗讀一小段文章，接著解釋文章的大意，口試委員用英文問了幾個跟內文相關的問題後，便開始簡單的生活會話，例如：喜歡什麼料理？為什麼來法國？喜歡什麼運動？總共10分鐘就結束了，對台灣人來說這科應該是相對地簡單。

★EG1史地專題法文口試

地點：17區的巴黎旅館觀光餐飲學校EPMTTH (Ecole de Paris des Métiers de la Table du Tourisme et l'Hotellerie)

口試在大講堂舉行，門口報到之後就在大講堂裡的等待席等叫號，裡面約有20張桌子，每一張都有一個委員在一對一進行口試。輪到你時首先要拿出準備的二份專題給委員選，如果專題題目不適合會被退件，我的其中一篇專題(歷史)就被退件，同學中甚至有二份都被退件的，必須當場另外給資料現場報告，真是很慘。

我的地理專題題目是「世界上的地震：以日本福島地震為例(Les séismes dans le monde：L'exemple du séisme de FUKUSHIMA)」，幸虧符合考試委員會界定的範圍，因此得以報告。5分鐘的口頭報告其實很短，支支吾吾把專題裡圖文的重點講出來就差不多了，接下來的10分鐘答詢原本應該是較困難的，但我遇到的委員比較體恤外國人，她提問之後也引導我回答問題，甚至大都時候是她在講、我在聽，只能說我相當的好運呢！

★EP2-1料理實作和EP3溝通與商業表達

地點：6區的斐杭狄廚藝學校

巴黎旅館觀光餐飲學校EPMTTH，照片來源：www.epmtth.org

LES ESSELIERES會議中心一樓大廳

准考證上的時間寫著07:30開始，07:00以前我便先到更衣室著裝，07:00到教室集合報到，奇怪的是這些在考試通知裡都沒註明，考場也沒做任何指標，因此有些考生是匆匆忙忙來到教室才跑去廁所著裝。

在教室裡，工作人員檢查考生的居留證和准考證，收走我們準備「溝通與商業表達」口試的一道料理食譜(Fiche Technique)，接著抽號碼牌分組，然後便發下考題了。同一場次的考題都是一樣的，有15分鐘可以研究，時間一到工作人員就把考生帶進廚房。

廚房裡有正式的出菜口和送菜的服務員，每個人的位置是畫好的，除了砧板(Planche)、鐵盤(Plaque)和鋼盆(Calotte)以外，用具幾乎都得自己到洗碗間自取，而送菜的盤子(Assiette)是後來才會給的。甜點必須到隔壁的專業甜點廚房做，位置也是畫好並標示上號碼的。至於宰殺魚肉，必須在旁邊一間隔絕的魚肉調理室裡處理，

這些要點都要聽清楚，3分鐘講解之後考試隨即開始。

我們這一場的題目是：
主菜：獵人嫩雞佐紅蘿蔔鹹布丁和削形馬鈴薯(Poulet sauté, sauce chasseur, flan de carottes, pommes château)
甜點：蘭姆酒焦糖泡芙(Salambôs)

★EG1法文筆試、EG2數理與EP2-2 P.S.E.
地點：大巴黎94省的LES ESSELIERES會議中心

這個會議中心是專辦考試及集會活動的機構，考場為二樓的大禮堂，一次可以容納將近500個考生。考試時間半小時前開始進場，由於人數眾多，光是安排進場便用去了不少時間，到了位置上書包可以放在腳邊，監考委員首先說明考場規則，第一小時不能離場和上廁所，時間終了前10分鐘也不能起身交卷。依照說明填寫答案卷的基本資料後便準時開始考試，考試途中監考委員會逐個檢查居留證、准考證和簽名。

LES ESSELIERES會議中心一樓大廳貼著CAP CUISINE考場的指示牌，同場還有法國BEP的考試

考試中心的查榜網頁

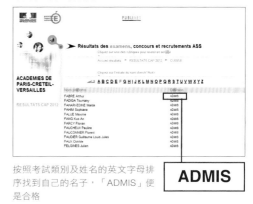

按照考試類別及姓名的英文字母排序找到自己的名子，「ADMIS」便是合格

第一場是法語，閱讀測驗是一篇關於義大利藝術家Michel-Ange的佚事，有5個問答題。作文則是寫一篇對青年團體發表的演說，闡述你在專業上成功的三要件，必須寫15～20行。考試時間2小時還算充裕，題目大約相當於DELF B1的等級。

第二場是數學、物理與化學，考了分子量、酸鹼性、聲學分貝、數學座標、電流、發票稅率及折扣的算法，2個小時作答時間應是綽綽有餘。

第三場P.S.E.，考睡眠的重要、均衡的食物、履歷表(curriculum vitae)的定義、喝酒的壞處、職業傷害的造成因素及結果分析，總共9頁的題目1小時要寫完，因此讀題目的速度要快一點。

★EP1食品的供應與組織
地點：大巴黎94省的LES ESSELIERES會議中心

同樣是在LES ESSELIERES會議中心的考試，也是CAP的最後一天考試，一份考卷包含衛生保健、企業認知和廚房技術理論三科，共有17頁題目要在2.5小時內寫完，著實在考驗讀法文題目的速度。衛生保健考了五大類食物和其營養成分、職業傷害關係圖；企業認知考了商業與公司登記(Registre du Commerce et des Sociétés)、合約種類的判讀和國定休假相關規定；廚房技術理論第一部分考洛汗鹹派和沙朗牛排的食譜作法填空，緊接著用表格寫出同時作這兩道菜的時間分配、準備工作的穿插。第二部則有食材的貯存方式、溫度和細菌活動的關係、肉品圖章、常見魚的辨認及分類等。

一連串的考試在6/12總算全部考完，在准考證背後有考試中心留的網址(ocean. siec.education.fr)，7/6便可上網查放榜，算是很有效率呢！至於成績單則要等超過1個月，通過考試後的CAP證書更要等4個月才會寄到。

考試一開始廚房裡的考生便一個一個消失了，原來大家都先去甜點廚房做甜點，我還在位置上思索著作菜的順序時，一位監考官提醒我：「甜點是吃熱的還是冷的啊？」言下之意是暗示我先把甜點做起來放，我聽了便趕緊從善如流了。

Salambôs是泡芙的一種，比閃電泡芙短胖，內餡是加了蘭姆酒的卡士達，外面則沾塗了焦糖。其實我根本不認識Salambôs這個法文字，但從考題上的作法來看，知道像是沾焦糖的泡芙，我一邊做著泡芙麵團，一邊偷瞄別人擠出來的形狀。一開始我泡芙擠得太長，負責甜點廚房的主廚提醒我：「先生，你這是閃電泡芙，要再寬一點、短一點，換個套筒吧！」於是我從原來的10號套筒換成15號，再擠一次主廚便默默地點點頭了。後來，有人把卡士達內餡做錯了，向甜點主廚請求再給一份材料重做時，竟招來評審團的討論，氣氛真是緊張，幸好討論的結果是允許重做。

泡芙暫時告一段落，大家就火速回廚房做雞了，把馬鈴薯削完，又發現大家怎麼都不見了，原來這一次大家跑到旁邊的魚肉調理室裡剁雞去了，我又慢了一步。趕快把雞大卸八塊，綁好線回到位子，正要思考如何把冷凍紅蘿蔔塊作成布丁時，卻發現我冰箱裡的紅蘿蔔塊已經解凍成泥了，原來我的冰箱壞了，也多虧冰箱壞掉我才知道這硬塊是紅蘿蔔泥。按照

LES ESSELIERES會議中心入口外觀

考題上的提示，把紅蘿蔔泥炒掉水分，混合奶蛋液，接下來的步驟就和一般布丁差不多了。當我把紅蘿蔔布丁送進烤箱，雞也炒過進烤箱裡，時間已經剩不到1小時了。

回到甜點廚房看我的泡芙時，甜點主廚正在協助考生把泡芙從烤箱取出，輪到我的泡芙出爐時，我偷偷問了一句：「這好了嗎？」主廚說：「我不知道啊，你才是主廚，嗯……你想要再多烤2分鐘嗎？」我當然回答：「是的！我想再烤2分鐘！」哈哈，主廚是好人！

削好馬鈴薯，水煮成7分熟，再切好蘑菇時，已經只剩45分鐘了；再等到雞熟了，燒醬汁、煎馬鈴薯和煎蘑菇，唉唷喂啊～只剩10分鐘！最後時間終了，我匆匆忙忙把熱好的盤子擺出來，隨意切點龍蒿、荷蘭芹去拌醬汁和撒在馬鈴薯上，只得很勉強地出菜了，有點慘……。交作品一共有四盤，端到出菜口就會有專門的服務員幫我們端去給評審委員。這時監考官說了：「去吧，趕快去甜點廚房！」距離上甜點的時間只剩30分鐘。

將泡芙填充入卡士達內餡，最後的臨門一腳就是裹上焦糖，這時我突然想起來總複習時主廚有示範過，但不知道是因為這次糖量較多，還是因為加了葡萄糖(Glucose)的關係，它比起布丁的焦糖更容易燒焦。第一遍我的焦糖燒焦了，重做一遍雖然很緊張但總算成功，有人竟然還燒

焦了3遍，也太刺激了吧！另一方面，裏焦糖這個動作也讓不少人當場燙傷。

做好的Salambôs泡芙一共要送出8個，甜點廚房裡也有專門的服務員幫我們端去給評審委員，最後只要把甜點廚房自己的位置清理乾淨讓甜點主廚檢查，再回到料理廚房把位置和爐台清乾淨，就可以到餐廳門口等待溝通與商業表達的口試。

口試的內容與今天的考題無關，完全是自由準備的一道料理食譜(Fiche Technique)，依據照片和食譜向2位監考委員報告這道菜的作法，時間為10分鐘。我準備的是「鍋燒烤鴨佐白蘿蔔」，由於我用二二六六的法文認真地背出我寫的每一句作法，結果反而逗得評審委員哈哈大笑，最後我講了一些沒寫在上面的心得，獲得委員的歡心。此外，也討論了這道菜的價錢及優缺點，反倒沒有模擬介紹餐點給客人的商業描述，整個口試算是輕鬆愉快。

我的逐夢手札

考過法國廚師職業認證對我來說是人生跨了一大步，除了代表在異國跨越語言的鴻溝，學會法語成為第二外語，也代表我在職業專長的跨領域，從電腦系統分析師變成了法式料理廚師。更重要的，其實是培養了面對挑戰的勇氣！通過的那一刻，我真是太感動了！

走過這麼一遭，人生已經沒什麼好怕的！夢想確實就是一步一步努力，就有可能達成。

La vie du stage

努力爭取到的法國實習

想像過在法式料理登峰造極的米其林三星餐廳工作
嗎？只要有心，沒有不可能！與世界級的大師肩並
肩做料理，絕對是人生不可抹滅的寶貴經驗。

向主廚虛心討教
進入了米其林三星的飯店餐廳

斐杭狄校方是不幫CAP班的同學找實習的，我原本一直誤以為實習是由校方安排，直到模擬考前一週確定了這個消息，整個心都涼了。雖然法文履歷和應徵的動機信我早就寫好了，但想到要自己用破法文打電話，或是親自拜訪餐廳去求人家讓我實習，我就一整個頭皮發麻。

抱著一絲希望去找行政小姐幫忙，結果她連實習餐廳的名單都沒得給，更別說要請她幫忙了。「這方面問題你們要找主廚唷，可以請他們給你們意見。」這就是她的回答，而一位嚴肅的主廚則告訴我說：「你可以找住家附近的小餐廳就好，如果到飯店或大餐廳去，法文常常聽不懂會被趕去角落蹲哦！」啊～直接戳中了我最沒自信的點。

多虧以前藍帶的朋友給過我藍帶的實習清單，於是，我每天晚上研究清單上的飯店和餐廳，整理了前10間最想去的企業，我不去想「夠不夠資格，或可不可能進米其林餐廳」，我只想「是不是真的想進米其林餐廳」，總不能連試一下的勇氣都沒有就直接放棄吧！有一天，我帶著我的前10志願清單，以及法文履歷和動機信，去找了胖主廚，希望他能給我建議，沒想到主廚竟然說了非常令我安心的話：「你法文說的不好，但是你理解力好，眼睛有在看，進大餐廳不是問題，下星期你可以來找我討論。」

接下來我找了胖主廚幾次都沒結果，三顧茅廬之後，主廚終於受不了我的厚臉皮，「好吧，我們現在就來看看你的清單。」

Le Meurice就在杜樂麗花園旁，一條充滿歐風味的廊道上

接過我手中的清單，胖主廚說：「這些可都是頂尖中的頂尖呢(幾乎都是米其林三星或二星)！這間的主廚我認識……這間也是，還有這間……好吧，就從Le Meurice開始好嗎？我會先幫你打電話問Yannick Alléno，你再等我消息。」主廚的話讓我像是被閃電打到一樣，興奮不已。才隔天，我在廚房裡擺盤時被胖主廚叫了出去，就告訴我「OK！沒問題了！」擔心我這個外國人太笨，他還寫了一張備註給我，上面寫了面試時間、人資小姐的姓名、飯店後門的地址，以及提醒我攜帶的資料，還用釘書機釘上他自己的名片，註記是他介紹的，我從他手中接過這一張紙時，真的感動得快哭了，我只是一名他教不到3個月的外國學生，他卻這樣幫我，原因只是他相信我可以用「心」和「眼」好好學。這樣幸運的際遇，真是比在法國學法文2、3年還來得有用。

❶聖誕節時門口的金碧輝煌 ❷燙金字體的信封,裝著我的法國米其林夢

　　Le Meurice飯店在巴黎最中心的羅浮宮附近,華麗的法式宮廷風,是歐洲許多國王、皇后最愛指定入住的飯店,所以也被稱為「Hotel of the kings」。飯店裡還有另一廳「達利」,據說是因為天才藝術家「達利」以前常在這裡長住,所以才以他為名開了這一廳,圓頂巨幅的畫和餐廳內的風格,表現的就是達利的超現實主義。Yannick Alléno就是Le Meurice飯店裡米其林三星餐廳的主廚,道地的巴黎人,24年的工作經驗,2004年成為米其林二星主廚,隨後不久就晉升為三星;2008年獲選為年度最佳主廚,在Le Meurice飯店帶領70幾人的廚房團隊。台灣對於他較熟悉的新聞就是2011年11月,他在台北101開了一家法式料理餐廳 STAY & Sweet Tea。

　　我把主廚的簡歷、飯店的歷史,甚至餐廳菜單裡的菜色都背了一些,用來應對這一場面試,結果面試當天,果真有派上用場。人資部小姐問的問題包括:「對這間飯店了解多少?在台灣有沒有經驗?在藍帶和斐杭狄學得如何,會不會覺得很難?未來有何規畫?」等等。人資部小姐對於我的法文問答還算滿意,把實習合約簽了字,裝在信封裡給我,便確定我已經正式錄取了!Yes!我的夢想成真了!拿到錄取的好消息,我輕快地踩著腳踏車,在巴黎塞納河畔的路上飛奔,有種在拍廣告的不真實感覺,心情好得讓我像要飛起來一樣!這個從前夢寐以求、想吃卻吃不起的米其林三星餐廳,現在我卻要進去工作了。來法國熬了1年多語言學校和廚藝學校的苦日子,到了這一步似乎有種夢想幾乎達成的感覺。

用著新奇的眼光觀看
Le Meurice飯店的每一角落

自從與Le Meurice簽了實習合約後，我便懷著緊張的心情等待報到日的到來，報到說明是透過電子郵件收到的，上面寫著：「請刮鬍子、剪頭髮，著黑皮鞋、黑襪子、黑褲子，自備安全鞋和刀具組」。不愧是大企業，報到日的儀容都明文規定，連鞋襪都要管到。和我同一天報到的，還有一位是來自波爾多的服務生，以及巴黎的侍酒師，年紀都很輕。

連個衣物間及更衣室都如此專業

飯店的規模大到令我嘆為觀止，地下室是個迷宮，沒花個幾天認真搞熟的話，就會常常鬼打牆。我們新人被帶領到衣物間領制服，這就好像一間訂制服店啊！各式各樣的西裝、套裝、警衛服、廚師服，成排成排的掛著，衣物間的小姐看了我一下，就把尺寸適合的廚師服和工作褲給了我，並說：「以後每天穿過的制服拿來這裡送洗就好，我們會每天提供你乾淨的新衣。」(其實這裡也只是把制服集中起來請外面送洗，包括圍裙和抹布也是)。才剛說完，一位女士正好走進來，報上名字之後衣物間小姐就馬上依名字取出一套黑色套裝給她，真酷！至於更衣室，總共有4間，有近700格櫃子呢！

我真是來對了，這裡有著完善的廚房系統

工作的廚房幾乎占地下室一整個樓層，有幾百坪甚至千坪！是很完善的飯店式廚房系統，包括：

美食廳廚房(Gastronomie)

飯店裡最主要為Le Meurice三星餐廳供應餐點的廚房，包括主廚和廚師助手團隊共約15位，高級食材和藝術一般的高級料理都在此準備。底下再細分成「料理肉組」、「料理魚組」和「前菜冷食組」，在法國比較大的餐廳通常都是這個分法，小一點的則料理肉和魚在同一組。

達利廳熱食廚房(Dali chaud)

為飯店裡的達利廳烹煮熱食餐點的廚房，比起美食廳廚房小很多，主廚和助手共約4～6位，提供的是價格比較平易近人的餐點。

達利廳冷食廚房(Dali froid)

為飯店裡的達利廳供應冷前菜及沙拉等餐點的廚房，有時宴會需要大量的冷盤也在此製作，是個空間很大但沒有爐台的廚房，主廚和助手共約6～10位。

非常大的更衣室

達利廳

❀ 客房服務及宴會廚房(Room service et Banquet)

為飯店裡的客房服務供應餐點，也負責團體宴會如婚禮、聚會的餐點，狹長形的空間包括主廚和助手共約5～8位，這裡也是每天熬百份雞高湯供廚房使用的地方。

❀ 甜點冷廚房和熱廚房(Pâtisserie chaud et froid)

製作飯店裡所有的甜點，分成冷、熱二間，主廚和助手共約8～12位。

❀ 肉調理室(Boucherie)

後端切肉、剁骨及所有肉類前處理的小房間。

❀ 魚調理室(Poissonnerie)

後端殺魚、取魚排、剝干貝及所有海鮮前處理的小房間。

❀ 蔬菜調理室(Légumerie)

後端處理各類蔬菜的小房間，這裡有一台大型蔬菜脫水機，還有一位處理蔬菜的高手，每天上百斤的洋蔥、紅蘿蔔、馬鈴薯及沙拉菜葉，都是經由這位快手幫忙做前處理再給大家用的。有些小一點的餐廳由於菜量並沒那麼多，因此肉、魚和蔬菜的調理不分成3間，而是設在同一間的。

❀ 肉冰庫、魚冰庫、達利冰庫、蔬菜冰庫、甜點冰庫、乳製品冰庫及總冷凍庫(Congélateur et Surgélateur)

除了分布在各間廚房裡的冰箱之外，每間廚房或每個組皆有個對應的冰庫在樓層的正中央，確實遵守各個冰庫的使用守則之外，熟記哪種材料取自哪個冰庫更是一位實習生或助手的基本課題。

❀ 儲藏室(Économat)

各式各樣香料、醬料、礦泉水、醋、料理用酒和各類耗材的儲藏室。

除此之外，還有很大間的洗碗間和大批的洗碗工、專門的酒類儲藏室、客房服務準備區、員工餐廳等，整個樓層四通八達，相當有趣！例如從達利冷廚房可以進到冰庫，從冰庫另一面的門又可以通到魚調理室，一開始真的會迷路，往往是在其他同事的帶領下才發現「怎麼又有個小天地在這裡？」

在Le Meurice的第1站

彷彿魔鬼訓練的美食廳廚房

Le Meurice對於實習生是有排定計畫的，依照人資的安排，實習期間分別會在美食廳廚房、達利熱食廚房、達利冷食廚房、客房和宴會廚房這4個廚房做過一輪。一般來說應先從簡單的前菜冷食做起，最後才會到美食廳的廚房幫忙，但我從第一天報到起，就「很幸運地」被丟到最主要的美食廳廚房的料理魚組。

在這一組，所有海鮮舉凡龍蝦、螯蝦、干貝、蚌殼貝類、大菱鮃、比目魚、鱈魚等等，都是我們負責。每天，我得到魚調理室去「抓龍蝦」，水族箱裡一隻隻30公分的大龍蝦，是每天早上供應商送來的，龍蝦雖被冰水凍得有點行動遲緩了，但被我抓起後總還是會把被綁住的大螯高高舉起，試圖抵抗，有幾次我甚至看到有些龍蝦的螯被鬆開了，如果不小心被夾到，手指可是會斷掉的。

所幸在料理魚組期間並沒有發生被蝦螯夾到的事，真正讓人容易受傷的，反而是出餐期間煮熟的龍蝦和螯蝦的「殼」，甲殼的厚度和大自然刻意授與牠的尖銳盔甲，常常讓剝殼的我們手指被割破或刺傷，尤其出餐期間像打仗一樣，剝殼必須三兩下完成，常常都是忍著痛硬扒，手指被割破的傷口就等回家再泡藥水治療。

優雅的飯店，廚房猶如戰場

在學校裡我的刀工算好的，但來到這裡，完全變成小朋友程度，有一天前輩叫我切細如髮絲的檸檬絲，那比在學校練習的要細許多，我花了好長時間才切一點點，結果隔天主廚說：「這些檸檬絲不能用，丟掉重切。」害前輩重切。還有一次，我炸的薯片不夠脆，主廚罵：「你吃的薯片是這樣嗎？是這樣嗎？」又害前輩重炸。唉，我的經驗終究還是差前輩很遠，在分秒必爭的出餐期間，前輩們再怎麼老經驗，還是得像戰場一樣戰戰兢兢做事。有一次，我忙到亂了陣腳，急急忙忙狀況說不清楚，主廚對我說：「冷靜下來，說清楚。」後來主廚跟我說：「晚上有事嗎？如果你想的話，晚上可以留下來工作，不論哪一天。」也因此我做過幾次全天18小時的班。

在米其林三星廚房所看到的法式料理的一項特色，就是配菜的處理相當複雜和講究！例如將干貝切成薄片，再用模子裁成一片片的圓圈；或是將蘋果削成薄片，用模子裁成中空的古錢形狀；挑出龍蒿和細香蔥的嫩芽，收集起來裝飾螯蝦用。有一種特別的食材叫做「檸檬魚子醬」(Citron Caviar)，它其實是一種植物的果實，不是魚子醬，每公斤要價100歐元，切開它的果實，裡面有長得像魚子醬的小果肉，處理一小盒就要花上1小時時間和傷人的眼力，真是煞費心神。

又或者像我們干貝口味的舒芙蕾，是以干貝打成泥，再人工過篩，加在舒芙蕾

①聖誕節拍的大合照，可惜還有大半廚房人員未入鏡 ②衛生官又來找碴囉

裡去增添它的風味；而蟹肉口味的杏仁海綿蛋糕，則添加了蟹膏和龍蝦殼熬煮的奶油，它還只是主菜螯蝦旁邊的一個小配菜而已呢！至於出餐期間總是由我負責的甜菜根，是以烤熟、切片並裁圓的甜菜根，上面輕輕鋪上薄切的鰻魚片，夾著一點酒醋紅甜洋蔥絲，再鑲上我預先挑過的水田芹嫩葉，最後點上橄欖油才完成。

原以為高級的法式料理都是由優雅的法國主廚，帶著微笑和專注的表情，小心並輕輕地完成，並請侍者緩緩上菜。真實的廚房卻像個戰場！主廚們是前線指揮官：「2張龍蝦的單！再來是干貝3份！魚可以進烤箱了，準備配菜！舒芙蕾上5份！甜菜根

咧？！甜菜根咧？！搞什麼鬼！還要不要上菜啊！快快快！」魚組的3位前輩就在爐台和調理台之間忙烹調、忙煮醬、忙烤蝦、忙熱菜，而我則在他們之中鑽來鑽去準備我的甜菜根和剝蝦，不時地去清理水槽裡堆積的鍋具，還要找空檔幫他們把檯面收拾乾淨，常常還被主廚傳喚爬樓梯親手送舒芙蕾到樓上的出菜口，我就像是在槍林彈雨和躲炮彈中度過了每天的出餐期。

每天繃緊神經，耗體力的廚房工作

在法國，中午的用餐時段為12:00～14:30，晚上則是20:00～22:30。一般廚房工作人員的作息是兩頭班，早上09:00～15:00，晚上17:00～23:00，飯店式的廚房則全時段都必須有人在工作著，因此工作時間略有不同。美食廳的廚房團隊是二班制的，早班的人06:00～15:00，晚班的人14:00～24:00，週休二日，相當的人性化，尤其對實習生只要求08:00～17:00。但實際上每人每週必須輪流上全日班，也就是06:00～24:00，中間只有2小時休息和1.5小時吃飯，很可怕的超長工時。有幾次為了多學點東西我也上全日班，但高度壓力的環境，卻也讓理智跟疲憊的身體陷入天人交戰。

與美食廳廚房的主廚們合照

　　在廚房工作10小時可不比以前坐在辦公室10小時，廚房工作，讓我比以前更深刻體悟到「ㄍㄧㄥ」這個字的意思，走路得用最快的步伐，切菜得用最快刀法，連剝個菜苗，也要打直腰桿，ㄍㄧㄥ住背，快速的動作。不斷重複在耳邊的都是這些字：「Dépêche-toi! (你快點)」、「Vite! Vite!(快！快！)」、「Accélère(加速！)」、「Cours!(跑！)」、「Vas-y!(繼續！快去！)」、「Tu dors!(你在睡喔？！)」壓力之大，讓我連尿尿都不敢去。有一次我支援料理肉組，把一大鍋十幾公斤的薯泥，刮過網篩細緻化，刮了應該有上千下吧，手掌痠得要命也就算了，還磨破了手指，當下不好意思說要去貼繃帶，只希望血不要流下去就好了。又有一次，我揮著有生以來拿過最大把的屠夫刀，斬了好幾副的小羊排骨，骨頭硬又多，刀子大又重，我才知道這實在沒有想像中的簡單，為了怕揮刀時失手把刀子給扔出去，我還用布把手掌和刀纏繞在一起，就像電影裡砍人的古惑仔一樣，頗好笑。

　　廚房工作還有很繁重的打掃工作，尤其在米其林星級餐廳，廚房像是每天要嚴陣以待米其林密探來參觀一樣。每天要刷洗5次地板，打掃冰庫和備料室，週五的下午一定會有像過年一般的大掃除。一位黑人總是臉臭臭地在各個廚房裡巡視，有時像在罵人跟大家吼些什麼，後來我才知道原來他就是飯店裡的衛生官。

　　這裡的員工餐廳跟一般自助餐沒什麼兩樣，比學校裡好吃一點點，前菜＋主菜＋甜點＋飲料＝3.5歐元左右，除非你食量驚人，否則餐費都含在薪水裡。第一天的甜點我便拿了一個鑲有金箔和鮮奶油的檸檬塔，猜想可能是沒賣完的吧；之後還有吃過漂浮島、馬卡龍、鴨肝凍前菜。主菜常吃的則是千層麵、牛排、魚排，但就算再好吃，只有30分鐘的吃飯時間也總是讓人消化不良。所幸廚房工作少不了偷吃的福利，待在料理魚組讓我常常吃到蟹肉和龍蝦，偶爾還有多做的干貝、松露或鵝肝。

體悟到實習生要：聽清楚、看仔細、從做中學習

　　和許多企業一樣，老鳥不一定會悉心教新人，許多事自己要用眼睛和耳朵學。對我來說最困難的，是出餐期間聽懂主廚的法語命令，主菜是魚，就要準備炸薯片和酸豆；主菜是龍蝦，就要準備杏仁海綿蛋糕和蝦泥；是新單準備？或是開始烹調？如果常常搞不清楚，只能一整個慌的看著同事做，就會被罵：「不要只是看！要做！」

　　不過，實習生不是唯一容易被罵的，有的同事只是沒有回答：「是！主廚」，也會被主廚狠狠罵了一頓；也有人因為醬汁煮太鹹、太稀，被主廚把那做好的醬汁整個往旁邊丟的。此外，並不是只有廚房裡的人才會被罵，有時主廚看到做好的菜送上樓後沒有馬上被端走，也會拿起對講機話筒對樓上的侍者咆哮，然後用力的掛電話！我還聽過主廚說：「叫你們負責人下來！叫你們負責人下來！」真是太屌了！

　　有一次出餐期間，我被叫去前台上菜，這工作就是看著主廚們在面前把菜擺盤完成，蓋上蓋子放進4座菜餚電梯裡送上樓。雖然完全沒有技術，但卻可以好好看著主廚們如何擺盤，看著我們準備半天的菜是如何組合並呈現到客人面前，否則，我永遠不知道為什麼我要把蘋果片削成錢幣形，為什麼我要花很多時間挑出龍蒿嫩芽，龍蝦殼熬的奶油又是被如何應用。有時候運氣好可以看到Alléno主廚大顯身手，不過，Alléno主廚在的時候可是非常嚴格，醬汁太鹹、太熟都不行，主菜冷掉被倒掉重做，這種時候大家的神經就特別緊繃了。

　　我在料理魚組待滿1個月後，即將轉調去客房服務及宴會廚房實習，最後一天我的表現可圈可點，資深老鳥對我說：「幹得不錯，可惜最後一天了，你可以去問主廚，應該可以留在魚組。」美食廳雖然可以看到較多高級料理，我還是想在每個廚房都做過一輪。整體來說，我在料理魚組一個月的表現，應該可以從一位重量級主廚說的話看出來：「他叫Anthony，你要跟他慢慢說怎麼做，但他可以做得很好。」就這樣我離開了料理魚組，開始在客房服務和宴會廚房的實習。

美食廳廚房一景

我的逐夢手札

美食廳廚房的苦與累遠遠超過當初我的想像，原本以為隨著時代的進步，廚房裡應該已經不存在所謂的學長學弟制，更何況是優雅文明的法國。想不到來到這裡我變成誰都可以使喚的小小角色，做的是所有人最不想做的雜事……但不管這些法國學長是不是有意磨練你，用心做，有一天便能輪到你出頭！

在Le Meurice的第2站
可專心練基本功的宴會廳廚房

來到客房服務組，壓力與工時都減低許多

從「美食廳廚房」調到「客房服務組」，不僅上班時間變成朝九晚五(09:00～17:00)，工作也規律許多，沒有美食廳廚房每日二次的出餐時段壓力，要做的打掃工作也少很多，可以專心練菜不被其他事打斷，說起來是一種幸福，對於廚房新手其實也比較適合。

客房服務提供的是一個全年無休，全時段供應的餐點服務，因此菜色比較一般，也比較經典，諸如各式湯品、排餐、漢堡餐及義大利麵，就是我們隨時必須準備好的項目。日常備料包括：

🍴 把漢堡用的美乃滋、番茄、生菜、漢堡排、麵包及起司片補滿。

🍴 把各種蔬菜切好、燙好，抓成一盤盤的什錦菜盤備用。

🍴 把各種義大利麵、米飯、麵醬、湯品烹煮好並包裝成真空包備用。

🍴 預先將魚排、醃蝦、牛排、羊排和雞排烹煮成半成品包裝成真空包備用。

🍴 準備做菜用的碎紅蔥頭及荷蘭芹絲。

大致上每天都在巡視這些東西，汰舊換新，隨時準備好各種新鮮的材料以備住房的人點餐時供應。乍看是蠻輕鬆的工作，但因為飯店的客人數量眾多，準備的菜量寧願過多也不能不夠，所以日常的準備還是花了不少時間，例如什錦蔬菜盤，包括有紅蘿蔔、黃蘿蔔、白蘿蔔、小蘿蔔、花椰菜、綠花椰菜、羅馬花椰菜、敏豆、彎豆、綠蘆筍，切完煮完再歸類放到冰庫，二、三小時就過去了。而像是洋蔥湯及各種麵醬，一煮就是50人份，光洋蔥絲就切了六、七十顆了，煮好之後再分成一份一份真空包裝，蒸煮殺菌，擦乾貼標籤備用，這好像食品加工廠，我也才知道原來飯店就是這麼做客房餐點的準備的。

在宴會組，幾百份菜同時出餐真是刺激啊

宴會組的食物準備工作通常又比客房服務還大量，而且有個像少林寺的大鍋！那是一個一次可以放下50副雞骨架的大鍋，每天煮的雞高湯，過濾起來大約有100公升左右，有一次我就拿大刀斬了近百隻雞的骨架，好像在少林寺練功。朝鮮薊、婆羅門參(Salsifis)常常都是以箱為單位在處理；剝蝦一次剝100隻；甜椒細丁一次切1小時；紅蘿蔔細丁一切就是2小時；蘋果細丁一次切2打；櫛瓜削形一次150片；真可以說是練習刀工的中途之家。

宴會廳出餐上菜的刺激程度不輸美食廳，幾百份的菜要能夠同時出餐是一門學問，我們在廚房裡事先準備好的主菜和配菜，必須從烤箱移到專門的保溫箱裡，一行人帶著溼毛巾、鹽之花、湯匙、橄欖油和醬汁，等主廚一聲令下，便從廚房推著保溫箱進電梯，好像炮兵推著炮出任務一樣。出了電梯到達宴會廳的後場，主廚開始布署戰鬥位置，一組人在主要出菜口，另一組人在第二出菜口，只等主廚詢問現場的侍者總管，聽到「要開始了嗎？好！咱們上！」然後我們

就開始擺盤了！像生產線一樣的效率，有人擺上主菜，有人放配菜，有人淋醬汁，有人撒鹽或裝飾香料葉，幾十盤的菜一盤一盤地依序完成，抹淨盤緣的指紋後交到侍者的手上，讓菜全都熱熱的同時出餐，就是宴會組的成功。偶爾會有「剩菜」如牛小排、鴨胸、干貝等，當然也要由我們「收拾」掉，真是不錯的福利。

❶與客房服務組和宴會組同事合照 ❷宴會組的工作區 ❸客房服務組的工作區 ❹與客房服務組和宴會組的主廚們合照

在Le Meurice的第3站

負責準備前菜的達利廳冷食廚房

我的實習第三站是達利廳冷食廚房,達利廳(Dali)可以說是我們飯店裡的第二間餐廳,當初因為畫家達利的長期光顧而建,超現實主義的裝潢及氣氛並不比三星的美食廳遜色,菜色和用餐價格卻比美食廳便宜許多。

這一間廚房沒有爐台,主要負責的是沙拉及前菜,例如:三明治套餐、凱撒沙拉、尼斯沙拉、生薄切鯛魚片、綜合生火腿拼盤、火腿起司吐司先生、生鮭魚冷盤、生牛肉韃靼、鵝肝及起司拼盤等。冷食廚房除了供應達利廳的前菜之外,也負責飯店住客的特別點餐,因此,不只中午和晚上二個餐期,隨時都要能馬上拿出材料製作住客的餐點。

由於冷食的材料大多能事先準備,因此出餐時的壓力並沒有熱食那麼大,但相對的,各種配菜、食材和半成品的製作就占去了我們大部分的時間。日常備料包括:切鴨胸丁、切火腿丁、切鯛魚薄片、挑各種沙拉菜、煮蛋切蛋、切番茄片、烤醃漬番茄、及做吐司先生等。另外,宴會廳也會有開胃菜和冷前菜從這個廚房製做,例如將煮熟的螯蝦,用高麗菜和紅蘿蔔絲包成春捲,冷凍後橫切成一口一口的鐵火卷,作為宴會開胃菜用。像這樣的東西還有用海苔包的類似日本的鐵火卷;用烤鴨麵皮包的類似夾餅的牛肉卷,都是平常要包起來存冷凍庫的半成品,因為宴會時一用就是幾百個。

如果遇到特殊節日,美食廳也會因為特別菜單而有一些準備工作需要冷食廚房支援,例如情人節時,我們把大南瓜切成小塊,雕成135個有蓋子的迷你小南瓜,浸油放烤箱烤熟再用來當配菜用。另外有一次,我們把西洋梨形狀的榅桲(Coing),削成香蕉形狀,簡直是在蔬果整形,一削就是360個。

在冷食廚房的實習只有三個星期,快結束的某一晚,廚房裡只有我和一位正職新人留守,由於我們二個都不是老鳥,加上單子又突然爆炸多,應變不及,於是3位別廳的主廚趕快跑來幫忙。那是我第一次跟總理實習生事務、斯文的副主廚一起做事,臨時需要一大盆美乃滋,儘管當時情況緊急,他卻能一點都不混亂,也不罵人,氣定神閒地教我把這一大盆攪拌完成。三週很快就過去了,下一站也是實習最後一站,達利廳熱食廚房。

宴會的開胃小點鐵火卷

在Le Meurice的第4站

可學習實用料理的達利廳熱食廚房

達利廳雖沒有美食廳那般頂著米其林美譽的壓力，廚房裡熱絡的工作氣氛卻也不輸美食廳，2位主廚及2位助廚的搭配，就要搞定整個餐期40幾位客人的所有熱食，提供的菜色包括：安格斯肋眼牛排、咖哩燴小羊肉、海鮮青醬義大利麵、義大利龍蝦餃、燉飯、南瓜湯、干貝、火魚排、雞排和漢堡等，都是我想學的實用料理，因此我很期待在這裡學熱食料理。只可惜這段期間，每到出餐期我必須到美食廳的菜口幫忙，因此三週的達利熱食廚房實習，我只能學到非出餐期間的備料工作。

這些備料工作例如：

- 🍴 切咖哩羊肉所需的熱帶水果，鳳梨、芒果、香蕉、洋梨
- 🍴 炒大量的洋蔥，幾十顆洋蔥刨絲後炒軟炒香，常常燻得我淚流滿面
- 🍴 切南瓜，四、五十份南瓜湯所需的南瓜，每次一切就是二大箱
- 🍴 包義大利龍蝦餃

此外，還有切麵包丁、打發鮮奶油、挑沙拉葉菜、挖蔬菜球、切紅蘿蔔丁、切西芹根丁、切酸黃瓜片等。所有備料工作中，我最喜歡的就是切松露和預熱醬汁了，切松露之所以是好差事是因為可以整個浸淫在松露的香氣當中，光聞那味道就覺得實在太享受了；而預熱醬汁指的是在出餐前，把蘑菇醬、蛤蜊奶油醬、雞醬、檸檬奶油醬和比目魚醬加熱備用，並以牛奶或高湯調整濃度，這個工作可以仔細品味這幾種醬汁的不同，並且接觸法式料理的精華──醬汁，我甚至還為了跟同事學醬汁的製作，調整我的上班時間呢！至於最不喜歡的工作就是操作機器切薯條了，二、三百顆的馬鈴薯，用手動的機器把它切成薯條，往往一切就是2小時，學不到什麼東西，偏偏每天下午我都得把時間花在這件工作上。

最後一週，斐杭狄學校裡當初介紹我進Le Meurice的胖主廚意外造訪，來看看實習生們是否一切順利，接待的副主廚對胖主廚說我：「工作態度很好，工作上的理解也沒什麼問題！」真的嗎？副主廚還真是口下留情，不過，我很高興沒讓胖主廚失望。

與達利廳熱食廚房的同事合照

與Yannick Alléno主廚合照

前菜是鵝肝就要先放烤箱保溫，待主廚淋好醬汁後再把鵝肝取出擺上；前菜是小牛肉就要幫忙鑲上香菇酥片；主菜是龍蝦則要撒上龍蒿和香葉芹。此外，也要和外場服務生溝通，要盤子、催菜、詢問上菜的時機等等，因此，法語聽力也很重要。

菜口的工作也是一個和主廚相處很好的機會，一個晚上下來4～5小時總能有機會小聊一下，日本主廚比較嚴肅，但熟了以後，他竟然叫我CAP考試前要做菜給他吃吃看；一位平常在廚房裡罵人最不客氣的小朱主廚，到菜口來也把服務生罵得一塌糊塗，對我倒是頻頻點頭。大朱主廚則是最照顧我的，雖然愛開我玩笑，但也是最常稱讚我和給我信心的！而一位內、外場人員都公認最嘮叨的主廚小油頭，在被他罵過幾次的磨合之後，反而變成我最麻吉的主廚。內場廚房的主廚們，也愈來愈愛拿起話筒打來菜口跟我開玩笑，或是下班前特地打電話上來跟我道別。雖然我老是出糗被笑被罵，但倒也跟這裡的一群人拉近了距離，一位外場經理在我結束實習前給了一份Le Meurice的精美菜單，讓我回去作紀念。

「菜口」拉近與主廚間距離，也明白備料的擺盤

　　「菜口」簡單説就是上菜的出口，是廚房完成一道菜的最後一站，也是前場服務生把菜端走的地方。Le Meurice美食廳的菜口很大，廚房內有2位主廚＋1位助手負責，廚房外另有1位主廚＋1位助手負責最後的擺盤。對老鳥來説，菜口學不到「烹調」，所以並不是好差事，但對新人來說，卻是個很重要的見習機會。平常在廚房裡備料，我們並不真的知道它的用途，站在菜口，可以好好端詳每一道菜的最終呈現，會有一種「哦～原來被拿來這樣裝飾擺盤！」的發現。能從美食廳廚房開始我的實習，最後繞了一圈再回到美食廳度過我最後的實習，也算是很好的機緣，感覺先前一知半解的事，現在終於整個完整了。

　　菜口雖是個「很菜的新手也可以做」的工作，重要性卻不容忽視，熟悉每一道菜的組合方式和使用的餐盤，才能協助主廚快速完成擺盤並請服務生趁熱送菜。例如：

　　最後一天，和主廚們一起拍了照片，也請一個個主廚幫我簽名，出了Le Meurice飯店，一幕幕實習的甘苦畫面才一一湧現，我的夢想三星餐廳，我的地獄磨練廚房，這下真的要道別了。

實習後的新挑戰

如何在法國找工作

拿到畢業證書，實習也結束了，接下來呢？許多人會想留在法國累積工作經驗，但是，這件事可沒那麼簡單吶！

法國廚房Maison Blanche的出餐情況

為什麼廚藝學校的學生在法國找工作還是很難呢？

1. 外國留學生在法國打工有工時限制，若要做正職，須捨棄原學生簽證，轉換成工作簽證(Titre de séjour salarié)。而雇主也要額外交一筆不小的費用給政府。

2. 轉換工作簽證程序繁雜，公司須配合繳交許多文件，許多雇主是在答應了外國員工後，於申請過程中知難而退。而就算成功遞件，能否獲得核准還不一定。

3. 法國有大批從15歲就開始學廚藝的學生，雇主不見得想聘請才剛從廚藝學校出來的外國人。(2016年的統計，全法國的學徒人數為47萬人)

4. 大部分工作需要有流利的法語能力，能以英語工作的職場畢竟還是少數。

5. 法國部分政黨是排外的，尤其在2012年法國失業率創十幾年來新高，更不容許外國人搶本國人工作。

投履歷、面試與試作

如果你明知道很困難仍還有決心試試，好！那就開始準備法文履歷表(CV)和法文動機信(Lettre de motivation)吧！履歷表切記只能寫一頁，把最重要的基本資料和照片、學歷、經歷、語言程度、相關證照和技能濃縮在一頁內講完，千萬不要把豐功偉業寫得過長，簡潔有力才容易脫穎而出。動機信也是一頁，簡單介紹履歷表上沒提到的身家背景，為何想在法國工作，為何選這間公司，具備什麼技能條件和別於其他人的競爭力，能為公司帶來什麼貢獻。如果你很有誠意，可以將動機信用信紙手寫，法國人相信這樣的人更好。

這些東西在網路上可以找到法文範本，找個乾淨清楚的範本撰寫，最後寫完別忘了找法文老師或值得信賴的法國人看過，然後就可以準備投履歷了。可以透過網路投履歷，也可以親送。

如果是網路上投履歷：

http **www.pole-emploi.fr**是法國政府的就業輔導中心，網站裡可以免費註冊帳號，在裡面建立好自己的履歷和動機信，依據查詢條件找到全國的徵才廣告並直接寄送履歷；也可以反過來公開自己的履歷和動

機信，等著雇主聯絡你。另外也有其他餐飲工會或職人團體的求職平台，有興趣可以用emploi(工作)、recrutement(徵才)、hôtellerie(旅館業)、restauration(餐飲業)等關鍵字搜尋看看。

如果是親送：

　親送就要有當場面試的心裡準備，除了準備好履歷表、動機信和合宜的衣著之外，也要把換發工作簽證的流程和應準備文件整理成一張清單，以便向雇主說明。很多雇主也沒幫外國員工換發工作簽證的經驗，如果你能讓他相信你了解程序怎麼做，而不是來造成他的麻煩，他的意願就會提高。在面試時表達換發工作簽證的可行性及強烈的動機是可以，但表達自願付擔費用是沒意義的，因為雇主一旦答應，自然是照法律程序遞交申請和繳費，不可能違法從員工薪資裡扣掉申請費用。

親自送履歷到飯店就直接走進大廳找櫃台吧

我工作的第一間餐廳，團隊裡的國籍包羅萬象

　我當時的第一批目標是飯店式餐廳，這一類大企業有專門的人資部，對於聘請外國人的換工作簽證流程比較在行，但相對的，大飯店的求職者較多，要脫穎而出比較不容易。一般來說，飯店我就直接走進大廳，找到櫃檯，說明來意，遞出履歷表和動機信就好了。飯店一定不會立即回覆，必須回家等人資部打電話給你約面試，記得索取人資部的名片或聯絡方式，雖然有時只能拿到總機的。有時候收件的是飯店警衛，這種通常要不到名片。

　如果投的是餐廳，切記避開用餐時間，以中午為例挑11:00～11:30或14:30～15:00為佳，有可能投履歷的同時，主廚當場就跟你談起來了，因此要有心理準備。其實這樣最好，省得再跑一趟。當時我去Atelier étoile de Jöel Robuchon時，櫃檯人員就是直接讓我到吧檯去跟駐店主廚面試。

　雖然說飯店的人資部應該比較專業，但我在法國廚房工作6年，願意幫我辦工作簽證的都不是飯店，而是餐廳。我工作的第一間餐廳裡，法國人占公司裡2/3以上的人數，然而我們有法國主廚、日本廚師、韓國人、巴西人、美國人、義大利人、葡萄牙人、中國實習生、越南人、俄羅斯人、斯里蘭卡人，及一些說英語不說法語的人

(通常是洗碗工)，老闆很樂於接受外國人，如果有幸遇到這種餐廳，被雇用的機會就大。大部分餐廳在面試後，如果對你有興趣會請你來試作，所謂「試作」，就是請你來半天或一天試著工作看看，通常是無薪的，少數有良心的老闆會給薪。我曾經在一間波爾多的餐廳試作2天，老闆很有良心地發給我薪資，一天將近100歐，比正職還好賺！

在法國，申請工作簽證的步驟：

1. 找到願意幫你申請工作簽證的雇主，簽下至少一年期的工作合約(CDD)或無限期工作合約(CDI)。

2. 最遲在原居留到期的2個月前，拿著你的工作合約到省政廳(préfecture)要一份轉換簽證申請表(Demande d'autorisation de travail pour conclure un contrat de travail avec un salarié étranger non européen résidant en France)、一份應準備文件清單(Listes de pièces justificatives)。

3. 由你備齊所有個人文件，加上業主備齊的公司文件，親送省政廳遞件，遞件成功會取得一張「收據(récépissé)」，這張收據可以當做是三個月的暫時居留證(通常會有工作權)。

4. 接下來就等通知，通常2～5個月，審查期間也有可能再要求補件。

能拿到收據就已經完成最主要的部分了！接下來的漫長等待有人是3個月，有人是5個月，而我自己，很不幸地被沒效率的省政廳和散漫的公司老闆搞到11個月還沒辦完。終於有一天，一封來自省政廳的信通知我的工作簽證申請已經被核准了，接下來的行政程序將移轉到OFII (法國移民局)，於是下一步是等體檢：理論上，3個月內應收到體檢通知，體檢完成即可取得工作簽證。

體檢當日，其實不只是體檢，每人得簽一張代表願意遵守法國律法的契約(Contrat d'accueil et d'intégration)，並通過一連串的面試取得4張證明，省政廳才會發給我們工作簽證，缺一不可！這4張證明分別是：

1.attestation ministérielle de dispense de formation linguistique

法語語言課程豁免證明，必須具備一定水準的法語程度，否則得參加OFII安排的課程

2.attestation session d'information sur la vie en france

在法國生活無障礙的證明

3.attestation de dispense d'un bilan de compétences professionnelles

專業能力證書豁免繳交的證明

4.attestation de formation civique

對於法國的國民教育有基本概念的證明

對於語言程度，OFII並沒有太要求，只要能用法語溝通就好；對於日常生活無障礙，是透過面試官與你聊天的主觀判斷；而專業能力證明，我用法國教育部頒發的CAP廚師職業認定文憑，也就豁免了。

第四張證明 formation civique 幾乎沒有人是現場取得的，那是一個全天的國民教育課，每個人都一定要上，因此當場只決定上課日期。等到真的在該日期去上了國民教育課並取得證明後，就可以回到省政廳

從Monsieur Bleu餐廳開始一步一步走向冷廚領班之路

去領工作簽證，真正的工作簽證到此時終於拿到。第一次申請工作簽證程序是最複雜的，接下來每一年只要去省政廳「更新換發」，不需要全部流程重跑一遍。而且自2017年起，大部分工作簽證都是一次發4年，4年後才需要更新。

最後提醒，法語相當重要

最後我想提醒想來法國廚房工作的人，「法語實在太重要了！」，法語不好，就無法寫履歷表和動機信；法語不好，就很難看法文徵才網站找工作；法語不好，面試只能挫咧等；法語不好，就看不懂省政廳要你準備的文件。2012年的我，儘管已具有DELF B1法語文憑，也在全法語環境待過2年，但要能把廚房工作做到稱職，還需要很多很多的聽力及口語練習。如果是在3～5人的小餐廳工作，問題還不大，因為團隊小，溝通容易，人與人距離近，會較有耐心與時間花在工作內容上的解釋。如果是在飯店如Le Meurice這種40人的團隊，

或大餐廳如Maison Blanche這種20人的團隊，就有更多的工具和食材，和更多的法文字彙要背，在工作的責任劃分、工具的共用、冰箱和庫房的使用規範等，也會比較複雜。

除了工作專業上的法語要學習以外，人際關係也受法語很大的影響，法語不是我們的母語，許多情況的不理解，讓我們無法像法國人之間開開玩笑就帶過，當團隊中有人拿你的國家來開玩笑，滿嘴的語言暴力，你會發現精神上的打擊，不輸給身體上的勞累。法語能力也直接影響學習和工作表現，主廚或同事解釋過的作法，如果因為沒有完全聽懂而做錯，自然在能力上會被矮化。出餐期間的聽力尤其重要，出餐如打仗，主廚念的單如果沒有完全聽懂，做錯數量或做錯菜可是會被罵到死，尤其主廚一邊念時，你的身邊還有炒菜、洗碗，一堆鍋碗瓢盆的聲音。而突然好幾張單子一起來時，腦袋裡要用「法語的思維」記住有哪些菜要做，有時真的會慌到頭腦打結。

這本書初版時，我進入法國人的廚房才一年半，一路從腦袋空空，變成有幾百道菜的味覺記憶在頭腦裡；從與侍者比手劃腳問菜單菜色，變成可以解釋菜單給同桌的法國朋友聽，因為努力過，所以一定會有成長，成功不是一蹴可幾，工作也不見得是一拍即合，了解自己能力的不足，才能激發心裡的覺醒能力！跌跌撞撞學習著的我，在之後的6年，待過法國7間餐廳，從最小的雜工幫廚，做到米其林一星餐廳的冷廚負責人，雖然離大廚的目標還有一段路，但我已經完成了《走！到法國學廚藝》的目標了。

On se rencontre

因著夢想，我們在這裡相遇

夢想的路上，我們或許孤軍奮戰，卻不孤單，一
張畢業證書代表著一段際遇和故事，我們在這裡
相遇，活在法國的同一個故事裡。

Jasmine

- 性別：女
- 原職業：學生
- 巴黎藍帶廚藝學校－甜點高級班畢業(Diplôme de Pâtisserie 2011)
- 畢業後的實習地點：Angelina(巴黎甜點店)
- 目前工作：在桃園平鎮開了咖啡甜點工作室 Petit Pafé

> 以興趣為後盾，面對高溫的甜點烤箱

在澳洲讀高中時偶然選了一門烹飪課，有時做西餐，有時做甜點，在邊玩邊學習的氣氛下，發現自己對做甜點產生極大的興趣。回家後，主動上網找食譜，以實驗的精神把文字上的敘述轉化成實體，再將每次的成品分享給朋友們試吃。在得到許多正面評價後，自己對「做甜點」這件事產生極大的信心，當然也是越做越開心，進而與甜點成為好朋友。

在一次分享試吃聚會中，一個朋友跟我聊起藍帶廚藝學校，回到家馬上查了關於藍帶學校的資訊，也開始對這法國巴黎的廚藝學校嚮往。畢業後沒有多想，目標明確，文件填一填，行李整理一下，就飛往法國來了。

因為有強烈的興趣作為後盾，在藍帶的學習期間，即使是面對高達200度以上的專業烤箱，冒著一不留神就有可能會燙傷的風險，還是沒有擊退自己對甜點的喜愛，每天都期待接下來的課程會有什麼新奇的甜點可以學習。

畢業後，為了不讓自己鬆懈下來，立刻到業界實習。在Angelina實習期間，瞭解到學校與業界的差別：學校的所學只是扎好馬步，真正的戰鬥要到職場才正式展開，也就是說，自己必須在有了穩固的基本功後，還要努力地學習。雖然做甜點比想像中辛苦，但是心裡卻很踏實，也因為能夠日日跟這些甜點相處，讓我很滿足現在的生活。

鮑飛躍

· 性別：男
· 原職業：浙江國際海運職業技術
　學院烹飪專業教師
· 巴黎藍帶廚藝學校－料理高級班
　畢業(Diplôme de cusine 2012)
· 畢業後的實習地點：Restaurant
　Le petit Bordelais(巴黎餐廳)
· 目前工作：巴黎米其林餐廳Le
　Flandrin二廚

深受法式料理的藝術所吸引

　因為自己本身的專長是食品雕刻，因此偏愛比較有藝術感的菜肴，而法國菜正好就是非常藝術的一個菜系，這是吸引我的地方，也是讓我想要學正宗法國菜的動力。透過電視劇或電影情節，讓我知道藍帶是非常有名的一所法國烹飪學校，也因此雖然來法國的生活費還沒有著落，我也毅然決然地就先報名了藍帶學校。來到法國，為了生活費一邊打工一邊唸藍帶，過程是非常辛苦的，有時候不夠時間唸書和溫習功課，在學習上是會打折扣，但為了來法國藍帶學習，辛苦也是要忍耐。

　從藍帶畢業後我在法國的餐廳做了2個月實習，期間也好幾次代表藍帶，與主廚一同到料理博覽會參展，這是很好的機會，我也認識了不少法國餐飲界的主廚、老闆和記者。為了自我實現，繼續唸了旅遊管理碩士，未來畢業以後如果能申請工作簽證，我也許會先留在法國工作一陣子，最終再回中國開餐廳。我期望未來能把自己的食品雕刻結合到法式料理的擺盤藝術，創作出有自己風格的菜餚，在中國發光。

王愷鈺

· 性別：女
· 原職業：麻醉科醫師
· 畢業科系：台北醫學大學醫學系
· 斐杭狄高等廚藝學校－法式甜點國際班畢業(Intensive Professional Program in French Pastry 2011 session)
· 畢業後的實習地點：Carl Marletti Patissier (巴黎甜點店)
· 目前工作：麻醉科醫師

放下工作，追尋自己的甜點夢

　　赴法學習甜點是許多人的夢想，我從小就愛吃各式甜點，閒暇時也喜歡自己在家裡烘焙各式西點，因為在製作的過程可以讓我暫時忘卻工作上的壓力煩擾，烘焙時的滿室甜香更是讓人有種幸福的感覺！在家烘焙一段時日之後，總覺得許多東西只是參照食譜就是做不出跟作者一樣的成品，做越多就越想知道「the right way to do things」，而所有甜點中我最愛的還是法式甜點，因為法式甜點集聚了外觀優雅與層次豐富平衡的口感，加上自己的生涯規畫，想利用這一兩年做些「想做卻一直沒有時間做的事」，於是便開始搜尋相關的資訊。

　　既然想要學習法式甜點，腦中第一個出現的選項當然是巴黎啦！但因為我不會說法語，也不太有時間先去唸語言學校，所以便先以有英語授課的學校為主，這樣一設限其實選擇也就不多了，在巴黎主要就是藍帶廚藝學院與斐杭狄廚藝學校。藍帶在台灣較為人所熟知，且也不少人前往學習。我選擇斐杭狄主要是因為學校環境比較大，一間廚房一次最多12人上課，師資課程安排豐富，以甜點來說，幾乎每天都有實作課程，另外還包括知識、美術、品酒及飲食文化歷史等課程，學期中有校外參觀及最後的畢業旅行，除此之外還包含了幾堂麵包課及餐飲課程。我所選擇的甜點國際班，有將近一年的課程，前5個月在學校學習，後面則是半年的實習，學校的教學比較是入門的，很多東西可能只做過一兩次，實習才能真正瞭解和認識業界，所以對我來說實習生活雖然辛苦卻收穫更多。

香奈(Shanaz Barday)

· 性別：女
· 原職業：書展工作人員
· 畢業科系：文學系
· 斐杭狄廚藝學校－CAP證照班廚師課程
· 通過法國國家考試取得CAP廚師證書
· 畢業後的實習地點：無(因為已具備廚房工作經驗)
· 目前工作：自己餐廳的主廚

為接管餐廳，決定到斐杭狄進修

　　3年前，我的男友在阿爾卑斯山的薩瓦(Savoie)滑雪勝地，接收了一間旅館餐廳。我也因此才開始學習旅館的經營以及料理，期望有天能回到薩瓦與男友輪流分擔餐廳經營的工作。隨後的冬天，我在薩瓦餐廳廚房中一方面取代我男友二廚的位置，協助我們請來的主廚；一方面也由於是自己的餐廳，得親自接觸管理工作，因此得以與客人面對面交流。儘管一切都還不拿手，但這真的是一件很有意思的事。

　　那年冬天之後，我註冊了斐杭狄廚藝學校的CAP廚師課程，一方面是因為姐姐讀的就是斐杭狄的CAP甜點；一方面斐杭狄的盛名及其課程正可以補足我不足的地方。此外，這是一個成人在職進修課程，能與比我年紀大的同學一起學習，這樣能帶給我更多成熟的觀念。同時，這是一群對人生做了重大改變、挾著強大熱情投身入廚房的人，我喜歡跟這樣的人交流，尤其明知道接下來將是一個長工時又累的職業人生，卻還是要走這條路的人。

　　斐杭狄的課程讓我很滿意，與主廚在廚房裡的實作非常有趣、密集且完整。當我們離開時，已經具備能在餐飲界發展的各種基礎能力，此外，我也對自己在廚房的能力更有自信，也更加開心，這完全就是我期待的。

崔秀晶(최수정)

· 性別：女
· 原職業：韓國Paul麵包店經理
· 畢業科系：德文系
· 斐杭狄廚藝學校－CAP證照班麵包師課程
· 通過法國國家考試取得CAP麵包師證書
· 畢業後的實習地點：GONTRAN CHERRIER(巴黎麵包店)
· 目前工作：巴黎Pascal & Anthony麵包店的麵包師

實現「到法國學麵包」的夢想

　　到法國學麵包是我從高中一直以來的夢想，每天我總是自己在家做著麵包，像一種休閒活動一樣。一開始，因為欠缺技術，我做的麵包並不能吃，我告訴自己：「有一天我一定要去法國，成為一個超級麵包師！」在韓國，麵包大都是甜的，不是正餐，因此很難找到像法國麵包一樣適合佐餐的麵包，所以我想把法國的麵包技術學回來，讓韓國的麵包水準提高。

　　選擇CAP課程是為了學習之外還能取得文憑，這同時也是在法國就業的基本證照。我也曾經考慮過INBP和EBP等知名學校，但最後選擇了斐杭狄，因為大部分的朋友都向我推薦這間學校，就連我以前在Paul的同事也是斐杭狄畢業的。加上有一次在韓國的電視節目上，斐杭狄被介紹得像一間世界最知名的料理學校，於是更堅定了我的決心。

　　在斐杭狄的CAP課程我學到很多，即使我原來在韓國就學過做麵包，在斐杭狄我仍感到像個初學者一樣，因為這裡仍有很多不同的技巧讓我驚豔。後來我到職場實習，我的老闆及主管都是斐杭狄畢業的，店裡的學徒也是斐杭狄的，我得說，斐杭狄畢業的確在職場是有優勢的。

　　接下來我想要先在法國或新加坡工作，就像一個真正的麵包師一樣，幾年後，我將回到韓國開屬於我自己的店。

宋瑩

· 性別：女
· 原職業：工研院副工程師
· 法國高等甜點國際學校(ENSP)
  ──CAP證照班甜點師課程
· 通過法國國家考試取得CAP甜點
  師證書
· 畢業後的實習地點：Tendance
  Gourmande(里昂甜點店)
· 目前工作：香港中環ST BETTY
  餐廳甜點助廚

> 專注自己喜愛的甜點，忘卻辛苦

　　在里昂唸完一學年的語言學校後，我順利進入ENSP學習甜點，完成了從小的夢想──到法國學習美麗又美味的法式甜點。ENSP是在法國頗具盛名的甜點專門學校，我報名的是CAP課程，學校很重視基本功及實作，大部分課都是實作課，這對於實習很有幫助，因為實習生通常就是做最基本的工作。

　　學習的日子很快樂也很辛苦，例如下雪的天氣裡也要摸黑起床背著工具箱走到學校，但只要對甜點抱著熱情，一進教室就會把辛苦全忘了。有時也不免想著以往坐辦公室吹冷氣的我，是否能接受這樣久站及大量的體力勞動，不過一旦專注於手上的工作，時間很快就過去了，現在真正明白，人的潛力無限，做自己有興趣的事，很多困難都能自然而然地克服。至於這麼大動作的轉換人生跑道，是否曾擔心找不到工作？這點我倒很放心，人可以沒有手機，但絕不能離開食物，在甜點這個領域，只要用心找，一定能找到理想的工作。

陳謙璿(Willson)

- 性別：男
- 原職業：大華技術學院電機系
- 雷諾特美食學校—全能專業班 (2011)
- 畢業後的實習地點：雷諾特美食學校中央廚房、法國巴黎三星餐廳Le Pré Catalan
- 目前工作：Studio Du Double-V 主廚

堅持甜點夢，跨出艱難的一步

當初因對甜點充滿了興趣，所以毅然決然地放棄了之前的電機之路，改行走向甜點，然而起步已經慢了，所以決定向國外取經。踏出第一步是最難的，一開始我在日本和法國中做選擇，日本能獲得的台灣資源較多，離台灣也較近；法國則資源少，語言更是困難，但本身有叛逆的個性，既然要去就要夠徹底，所以決定去法國。至於學校，大家都知道的無非就是藍帶廚藝學校，藍帶原本也是我考慮的學校之一，但是我到法國之後問了法國當地人的意見，加上之後的學校參觀，使我決定去雷諾特美食學校。

雷諾特這間學校在台灣並不比藍帶來得有名，但是我認為它是法國甜點的先驅，在法國其實比藍帶有名的多。雷諾特是從商店起家，一般印象在商店裡是精緻甜點的代表，當然也不便宜，分店不多，但都很擺派頭裝飾華麗，而且有一間三星餐廳：Le Pré Catalan - Le Restaurant, Paris - Frédéric Anton。

這裡擁有全法國最驚人的駐校師資和外聘的主廚，高達8個M.O.F.(Meilleur Ouvrier de France)，這是法國工藝界中至高的榮耀。學校裡60%的學生是法國人，全程以法文授課，強調一個外國廚師在這裡的養成和一個法國廚師是沒有兩樣的，我想這就是門檻比較高的地方。

決定了就去做，其實第一步是最難的！大家要勇敢追逐自己的夢想，加油！Bon courage！

鄧思瑜

· 性別：女
· 原職業：台北市某國立大學統計系
· 盧昂國立麵包及甜點學校(INBP)
　——CAP甜點師及CAP麵包師課程
　(2001)
· 通過法國國家考試取得高級甜點
　師BM證書
· 畢業後的實習地點：法國盧昂的
　甜點店
· 目前工作：自2003年起，在上諾
　曼第省，鄰近Evreux市幾個城鎮
　的甜點麵包店工作，並同時帶領
　1～2個學徒

> 每一個甜點
> 都是天馬行空
> 的創意品

　「法國傳統糕點製作」這一行，對我個人來說，是非常新奇有趣的工作。甜點師是一份可以充分發揮個人靈感，需要運用高度「天馬行空」想像力的工作，以實現滿足老闆和客人的期望為終極目標。這不僅僅是在「工作賺錢」而已，將一件糕點成品製作完成，就像上了一堂「理、化、美、勞」綜合實驗課一樣：「比較像是在做物理化學的實驗；再將成果配合色彩和手工技巧堆砌出成品。」因此帶給自己很多開心的樂趣，經常做著做著，無意間，自然而然忘掉很多煩惱。

　從喜歡製作糕點的動機，進而想要學會純粹道地的法國傳統糕點，於是便以「初生之犢不畏虎」之姿，說服家人經濟與精神的全力支持剛大學畢業的我出國學藝，先進語言學校「從頭學說法語」，然後再上專業學校「學傳統法國糕點製作」。當時課業的壓力，遠比不上日常不順遂的生活瑣事困擾人，法國生活甚至令人不禁心生放棄的念頭。上了十六個月的語言課，直到跟法國糕點教授和當地人一起學習後，才真正明白路還很遠，即使語文檢測過關了，要聽懂跟上老師們不同口音和說話速度，真是非常吃力，更別提考試包括：法律、科學、法文等學科了。

　留在法國做自己真正喜歡的事已超過10年了，終於實現了二十出頭時心裡的一個想望：成為真正有能力獨當一面的「法國傳統甜點師」。為了吸收更多經驗，經常得換工作單位，每幾年就要重新適應新環境新人事。藉此機會，將個人出國習藝的感想與大家分享：「當心中有了一個願景或想望的時候，要及早確定。在時間不會等人的情況下，拋開所有羈絆，立即行動。在行行出狀元的21世紀，應捨棄一切唯有讀書高的迷思，把握最佳學習技藝的黃金時期：少年。不要讓這些想望成為滾雪球般的巨大包袱，和無限時不我予的遺憾。」

原來，藍帶不等於名廚，唯有努力堅持才能成功

　　法國藍帶廚藝學院的盛名，總是讓人們認為只要從藍帶畢業回來，就能成為所謂的藍帶名廚！事實上，依照藍帶的課程，料理或甜點這二個領域從頭學到畢業，也各只要花6個月～9個月而已，以一個手藝或職業的養成來說，6～9個月的訓練只能叫「入門」，並不能保證每位畢業生成為名廚或名甜點師。法國廚藝之路不但會燒掉很多錢，也需要有很堅持的心，才能在有語言障礙和國籍的隔閡下走下去。把藍帶畢業當作起跑點，開始參賽與發光，這樣的觀念才是對的！因為藍帶至少已經讓我們先贏在起跑點了。

　　到了職場，一切的技能和做事的方法都要從頭累積。老闆不會去記得你的畢業學校，會去注意的是你的幹勁、學習動機、溝通及組織能力、細心和負責任的態度，以及待人處事。但多虧了你的畢業學校，老闆才會願意在眾多履歷表中，淘汰掉那些非本科系及無經驗者，留下你的履歷與其他法國的廚藝學生競爭，斐杭狄的CAP證照班及法國廚師職業認證就是這樣給我很大的優勢。

　　我在法國的第一份工作，是在著名的蒙田大道上，香榭麗舍劇院的「白宮」法式餐廳。在法國廚房工作沒有想像中的浪漫與優雅，實習比起學校裡的學習辛苦許多，而正職又比實習要承擔更多的工作責任。工作近5個月之後，我離職並與另外一間餐廳簽約，隨即開始在巴黎東京展覽館的新餐廳工作。未來如果我回台灣，就算還沒能成為大廚，在這條法國廚藝之路所嘗過的法國道地美味、所看過的藝術品般的擺盤，以及所體驗到的對美食學堅持的態度，也一定能跟著自己進到台灣的廚房裡，慢慢開出花來。

　　最後，我要謝謝我的妻子，支持我敢於追夢；謝謝我的家人，讓我無後顧之憂；謝謝我的朋友及網友，總是給我鼓勵；還有所有為這本書提供意見及資料的人，這本書終於得以出版了。

走！到法國學廚藝（夢想實現版）

作　　者	安東尼
攝　　影	安東尼

總 編 輯	張芳玲
編輯部主任	張焙宜
書系主編	張焙宜
修訂編輯	黃琦
封面設計	何仙玲
美術設計	何仙玲
地圖繪製	何仙玲

太雅出版社
TEL：(02)2882-0755　FAX：(02)2882-1500
E-MAIL：taiya@morningstar.com.tw
郵政信箱：台北市郵政 53-1291 號信箱
太雅網址：http://taiya.morningstar.com.tw
購書網址：http://www.morningstar.com.tw
讀者專線：(04)2359-5819 分機 230

出版者	太雅出版有限公司
	台北市 11167 劍潭路 13 號 2 樓
	行政院新聞局局版台業字第五○○四號

總經銷	知己圖書股份有限公司
	106 台北市辛亥路一段 30 號 9 樓
	TEL：(02)2367-2044 ／ 2367-2047　FAX：(02)2363-5741
	407 台中市西屯區工業 30 路 1 號
	TEL：(04)2359-5819　FAX：(04)2359-5493
	E-mail：service@morningstar.com.tw
	網路書店 http://www.morningstar.com.tw
	郵政劃撥 15060393(知己圖書股份有限公司)

法律顧問	陳思成律師

印　　刷	上好印刷股份有限公司 TEL：(04)2315-0280
裝　　訂	大和精緻製訂股份有限公司 TEL：(04)2311-0221

二　　版	西元 2019 年 04 月 01 日
定　　價	310 元

ISBN978-986-336-304-0
Published by TAIYA Publishing Co.,Ltd.
Printed in Taiwan
(本書如有破損或缺頁，退換書請寄至：台中市工業30路1號　太雅出版倉儲部收)

國家圖書館出版品預行編目(CIP)資料

走!到法國學廚藝 / 安東尼作. --
二版. -- 臺北市：太雅, 2019.04
面；　公分. -- (世界主題之旅；501)
ISBN 978-986-336-304-0(平裝)
1.烹飪 2.文集
427.07　　　　　　　　　108001276

編輯室提醒：本書的廚藝學校、語言學校及其相關資訊，如申請報名資料、學費、課程內容、師資等，均有變動的可能，建議讀者多利用書中的網址查詢最新的資訊。

填線上回函，送 "好禮"

感謝你購買太雅旅遊書籍！填寫線上讀者回函，
好康多多，並可收到太雅電子報、新書及講座資訊。

好康 1

每單數月抽10位，送珍藏版
「祝福徽章」

方法：掃QR Code，填寫線上讀者回函，
就有機會獲得珍藏版祝福徽章一份。

好康 2

填修訂情報，就送精選
「好書一本」

方法：填寫線上讀者回函，並提供使用本書後的修
訂情報，經查證無誤，就送太雅精選好書一本(書
單詳見回函網站)。

＊同時享有「好康1」的抽獎機會

走！到法國學廚藝
(夢想實現版)

bit.ly/2TFAn8g

＊「好康1」及「好康2」的獲獎名單，我們會
於每單數月的10日公布於太雅部落格與太雅
愛看書粉絲團。

＊活動內容請依回函網站為準。太雅出版社保
留活動修改、變更、終止之權利。

太雅部落格 http://taiya.morningstar.com.tw

有行動力的旅行，從太雅出版社開始

太雅22週年慶

登錄發票，抽好禮，
首獎 CASIO 美肌運動防水相機

凡於 **2019.1.1-9.30** 期間購買太雅旅遊書籍（不限品項及數量）上網登錄發票，即可參加抽獎。

精緻好禮等你拿
登錄發票

CASIO美肌運動
防水相機
（型號：EX-FR100L）

首獎3名

普獎100名

M Square旅用瓶罐組
（100ml*2＋50ml*2＋圓罐*2）

掃我進活動頁面

活動時間
2019/01/01～
2019/09/30

發票登入截止時間
2019/09/30
23:59

網址
taiya22.weebly.com

中獎名單公布日
2019/10/15

活動辦法

- 於活動期間內，購買太雅旅遊書籍（不限品項及數量），憑該筆購買發票至太雅22週年活動網頁，填寫個人真實資料，並將購買發票和購買明細拍照上傳，即可參加抽獎。
- 每張發票號碼限登錄乙次，即可獲得1次抽獎機會。
- 參與本抽獎之發票須為正本(不得為手開式發票)，且照片中的發票上須可清楚辨識購買之太雅旅遊書，確實符合本活動設定之活動期間內，方可參加。

  *若電子發票存於載具，請務必於購買商品時告知店家印出紙本發票及明細，以便拍照上傳。

◎主辦單位擁有活動最終決定權，如有變更，將公布於活動網頁、太雅部落格及「太雅愛看書」粉絲專頁，恕不另行通知。